Ines Dietrich
La Palma – Pflanzen und Tiere
vom Meer bis in die Berge

Ines Dietrich

La Palma – Pflanzen und Tiere vom Meer bis in die Berge

Konkursbuch
Verlag Claudia Gehrke

Inhalt

Vorab

Im Süden nahe Fuencaliente

Wer auf die Insel kommt, kommt an ihrer Natur nicht vorbei ...
Damit meine ich nicht nur ihren vulkanischen Ursprung, sondern die Fülle an Pflanzen und ihre Tiere am Wegesrand und in den Meereswogen.
In den unterschiedlichen Landschaften der nordwestlichsten der Kanarischen Inseln finden sich Überlebenskünstler und wahre Schönheiten. Sonnendurchglühte Mondlandschaften, feuchte Lorbeerwildnis, duftende Kiefernwälder, schroffe Hochgebirge, Küstenstreifen mit Steilhängen oder schwarzem Sand und seit 2021 ein neuer Vulkan mit jüngsten Lava- und Aschefeldern – das sind die Lebensräume unterschiedlichster Arten.
Die sagenumwobenen Drachenbäume, die Kanarische Glockenblume oder die feuerbeständige Kanarische Kiefer sind wohl die bekanntesten Hauptdarsteller der Flora. Doch wussten Sie, dass es vom Einsiedlerhornklee nur noch an 2 Plätzen auf La Palma natürliche Vorkommen gibt – und sonst nirgendwo auf der Welt? Oder kennen Sie den freundlichen Perro Pastor Garafiano, eine einheimische Hunderasse?
Als ich vor fast 30 Jahren das erste Mal nach La Palma kam, zog mich die „Grüne Insel" sofort in ihren Bann. Seit 1997 lebe ich fest hier.
Ich bin keine ausgebildete Botanikerin oder Biologin, doch seit ich denken kann, liebe ich die Natur. Schon als kleines Mädchen haben mich Käfer und Blumen begeistert. Mein Vater nahm mich zu frühmorgend-

lichen Streifzügen in den Wald mit. Wir beobachteten Tiere, sammelten Pilze und Beeren, lasen Spuren im Schnee, und unser Garten war stets „bio". Dadurch entstand ein großer Respekt vor den ausgeklügelten Zusammenhängen des natürlichen Lebens mit all seinen Wesen.
Dank längerer Aufenthalte an verschiedenen Wohnorten auf der Insel habe ich interessante liebenswerte Menschen getroffen, die mir viel über „ihre" Umgebung samt Pflanzen und Tieren erzählt haben. So ist auch mein erstes Buch „Geheimnisse der Insel La Palma" entstanden.
Durch das positive Feedback wurde mir das große Interesse der BesucherInnen und InselbewohnerInnen am biologischen Reichtum des Eilandes bewusst. Klar ist: Pflanzen identifizieren ist nicht leicht. Viele ähneln sich. Es gibt Unterarten, Hybriden (=Mischwesen), eingeführte Pflanzen und Gartenbewohner, die sich verselbstständigt haben.
„La Palma – Pflanzen und Tiere vom Meer bis zu den Bergen" ist kein wissenschaftliches Sachbuch, enthält nicht nur „perfekte" Fotos und auch keine vollständige Übersicht der hiesigen Artenvielfalt. Viel mehr zeigt es den Leserinnen und Lesern eine Auswahl der wichtigsten, auffälligsten oder häufigsten Pflanzen und Tiere der *Isla Bonita* – und wo sie ihnen begegnen können. Dabei liegt der Schwerpunkt auf einheimi-

Begegnung im Nordwesten

schen Arten. Bildtafeln erleichtern das Identifizieren und Auffinden der ausführlich beschriebenen Pflanzen und Tiere.
Auch auf La Palma wurde Raubbau betrieben, die Biodiversität ist rückläufig. Umso wichtiger ist es, sich mit der Natur zu beschäftigen. Sie hilft außerdem, uns zu erden, den Kontakt zum Ursprünglichen wiederherzustellen – aus dem Alltagsstress raus und manchmal auch zu uns selbst zu finden, einfach so – am Wegesrand.

Dank

Bei diesem Buch haben mich viele Fachkundige und Naturliebende unterstützt. Ich sage Dank für die sachlichen Informationen, Tipps zu Nachschlagewerken, Fotos (die Urheberinnen und Urheber sind jeweils in der Bildunterschrift aufgeführt), Begleitung bei Erkundungsgängen, Standortsuchen und der Revision des Inhaltes.
Mein besonderer Dank geht an Christel Oswald von La Palma Kaleidoscope für die vielen gemeinsamen Stunden in der Natur, Dr. Herbert Schaar für die Weitergabe seiner langjährigen Taucherfahrungen samt Fotos, dem Team von OceanExplorer für die ausführlichen Informationen zu Walen und Delfinen und das Überlassen vieler Fotos. Außerdem an Juan C. Adam von Nature-Views für die die Aufnahmen der Lorbeertauben, Eulen und Frösche – Bilder, für die es viel Wissen und Geduld erfordert. Juan bietet übrigens Fotokurse, -führungen und -workshops nicht nur auf Teneriffa an. Danke ebenfalls an Kike Navarro, der Starlight-Guide, Astro- und Landschaftsfotograf, der auch am Tage die Augen offen und die Kamera bereit hält. *Muchas gracias* an Juan Ramón Pedrianes, der mit seinem wissenschaftlich-fachmännischen Blick darauf geachtet hat, dass ich „keine Äpfel für Birnen verkaufe". Danke an meine Verlegerin Claudia Gehrke (sie hat sich seit Jahren ein Pflanzen- und Tierbuch gewünscht und mich immer wieder bestärkt, wenn mir Zweifel kamen, ob ich tatsächlich in der Lage bin, ein solches Buch zu erarbeiten). Und Danke an meinen Mann sowie an viele Freunde, Freundinnen und Bekannte, für das Verständnis, dass ich sie durch die intensive Arbeit an diesem Buch manchmal vernachlässigt habe.

Aufbau der einzelnen Texte zu Flora und Fauna

Für den ersten Teil über die in der Natur vorkommenden Pflanzen habe ich die bewährte Einteilung nach Vegetationszonen gewählt. Manche Pflanzenführer sortieren nach Blütenfarben. Ich finde es einfacher, herauszufinden, wo wir selbst uns gerade befinden, als Pflanzen, die im Moment nicht blühen, an ihrer Blütenfarbe zu erkennen.

Infos: Vegetationszonen farblich gekennzeichnet
Pflanzennamen: deutsch, palmerisch (spanisch), wissenschaftlich
Hinweis, ob es eine endemische Art ist / bzw. Vorkommen auf welchen Kanarischen Inseln: H, LP, G, T, GC, F, L = natürliches Vorkommen auf El Hierro (H), La Palma (LP), La Gomera (G), Teneriffa (T), Gran Canaria (GC), Fuerteventura (F), Lanzarote (L)
Allgemeine Beschreibung
Familie
Wuchsform / ungefähre Höhe der Pflanze
Standort: Bedingungen / ungefähre Höhe des Vorkommens
Blütenfarbe / Blütezeit
Aussehen der Früchte (Samen) / Reifezeitpunkt
Interessantes, Besonderheiten

Hinweise zum Schutzstadium
Beispiele leicht aufzufindender Standorte

Manche Pflanzen wachsen allerdings von der Küste bis in die Bergregionen. Diese sind dort zugeordnet, wo sie am häufigsten vorkommen, und weitere Standorte angegeben. Es könnte auch passieren, dass eine Pflanze aus verschiedenen Gründen nicht mehr an der angegebenen Stelle wächst. Wobei ich hoffe, dass dem nicht so ist. Die Blüte- und Fruchtzeiten sind ungefähre Angaben, da sie vom Standort sowie von Temperatur und Niederschlag abhängen und jährlich variieren können.
Den zweiten Teil bilden einige besonders interessante Orte, an denen es teils auch exotische Pflanzen zu sehen gibt, einschließlich Informationen zum „Zentrum zur Erhaltung der einheimischen Flora und Rettungszentrum für Wildtiere" und der Rettungsstation für exotische Tiere „Maroparque".
Im dritten Teil des Buches sind die wichtigsten Wild- und Haustiere an Land und im Meer aufgeführt. Dort finden Sie auch Hinweise, was Sie tun können, falls verletzte Tiere gefunden werden.

Inselwelt

Egal, wann und an welchem Ort Sie sich auf La Palma befinden, für Naturliebhaber und (Hobby)botaniker gibt es immer etwas zu entdecken. Schon die Kosenamen Isla Verde (Grüne Insel) und Isla Bonita (Schöne Insel) verraten etwas über die Vielfalt der nordwestlichsten der Kanarischen Inseln. Der natürliche Artenreichtum der Flora der etwas über 708 km^2 großen und über 2400 m hohen Insel wird ursprünglich von Höhenlage, Himmelsrichtung und Bodenbeschaffenheit bestimmt. In den kontrastreichen Landschaften gibt es unterschiedliche Klima- und Vegetationszonen sowie Mikroklimate, die besonderen Arten Heimat bieten.

Botanischer Garten El Paso mit Wolkenkaskade

La Palma liegt rund 450 km vom afrikanischen und über 1000 km vom europäischen Festland entfernt. Ein Direktflug München-La Palma, ca. 3300 km, dauert z. B. knapp 5 Stunden. Die Insel befindet sich etwa zwischen dem 28 und 29. Breitengrad und gehört damit zu den nördlichen Subtropen. Sonnenstunden gibt es das ganze Jahr über reichlich, doch die Geländebeschaffenheit, der Nordostpassat mit seinen Wolken und der kühle Kanarenstrom sorgen für angenehme Temperaturen. Die jährliche Durchschnittstemperatur liegt bei 18°C.
Die Gipfel der Bergkette Cumbre Nueva und Cumbre Vieja reihen sich von Nord nach Süd und trennen die Ost- von der Westseite. Durch sie wird der Nordostpassat „gebremst", seine Wolken steigen auf und sorgen für mehr Feuchtigkeit und Frische auf der Ostseite und im

Norden der Insel. Ein Teil der Wolken „rutscht" jedoch häufig in das Tal von El Paso und bildet die wunderschöne Kaskade.

Grundsätzlich ist die Westseite trockener als die Ostseite. Ihr Grün von der Küste bis zu den Kiefernwäldern besteht aus Pflanzen der Küsten- und Sukkulentenzone und aus Bananenplantagen und Ziergärten. Hier spürt man den Eingriff durch den Menschen besonders, denn eigentlich findet sich in Küstennähe und in den trockenen, noch fast humuslosen „jungen" Vulkanlandschaften keine geschlossene Pflanzendecke.

Umso faszinierender ist die Andersartigkeit zwischen den trockenheitsangepassten Pflanzen im Sukkulentenbusch und dem üppigen Grün der Baumriesen in den Lorbeerwäldern. In den höheren Lagen kämmen die Kiefern mit ihren Nadeln fast ganzjährig die Feuchtigkeit aus den Wolken. Im Herbst / Winter füllen langersehnte Regenfälle die Wasserreserven in Staubecken,

Regenbogenwetter

Quellen und Galerien auf. Die Pflanzenwelt sprüht binnen weniger Tage von frischem Grün. Man kann dem Gras praktisch beim Wachsen zusehen. Die Temperaturen unterscheiden sich im Winter in höheren Lagen merklich von denen der milden Küstenzone. Während im Südwesten schönstes Strandwetter herrscht, kann die Vegetation auf dem höchsten Berg, dem Roque de los Muchachos (2426 m), von Schnee und Eis überzogen sein. Auch auf der Insel des ewigen Frühlings spielen die Jahreszeiten eine Rolle. Und das Allerwichtigste ist der Regen. In Jahren großer Trockenheit blühen weniger Wildpflanzen und es gab sogar Jahre, in denen es kaum inseleigenen Honig gab, da die Bienen nicht genug Nahrung fanden.

Auch einige große Waldbrände und Vulkanausbrüche haben der Natur zugesetzt, dabei zeigt sich die Kanarische Kiefer als wahre Überlebenskünstlerin. An vielen Stämmen lassen sich Spuren eines Feuers an der verbrannten Rinde erkennen und trotzdem sind die Baumkronen wieder üppig grün. Richtig funktioniert dieses System allerdings nur, wenn zwischen den Bränden möglichst viele Jahre liegen. Bleibt den Bäumen nicht genug Zeit, um sich gründlich zu erholen, kann das nächste Feuer ihr Tod sein. Es gibt einige Pflanzen zu Füßen der Kiefern, deren Samen nach einem Brand besonders gut keimen. Zu diesen *Pyrophyten* gehören Drüsenginster, Affodill, Hillebrands Hornklee und die Beinwellblättrige Zistrose. Trotzdem dauert es Jahre, bis der Unterbewuchs sich so gut entwickelt, dass der Boden bei starken Regenfällen nicht abgetragen wird.

Ursprung und Besonderheiten der Insel

Die Kanarischen Inseln bilden gemeinsam mit den Azoren, Madeira (einschl. Ilhas Selvagens) und den Kapverden die Inselregion Makaronesien. Alle kanarischen Eilande sind lt. dem „Geologischen Wanderführer" von Rainer Olzem / Timm Reisinger vulkanischen Ursprungs. Bereits vor ca. 24 Millionen Jahren entstanden die ältesten Inseln Lanzarote und Fuerteventura. La Palma ist mit ca. 1,7-2 Millionen Jahren die zweitjüngste vor der kleinen Nachbarin El Hierro.

Kanaren-Ampfer im Süden der Insel

Die Isla Bonita wurde am Meeresgrund in 4000 m Tiefe geboren. Zeugin davon ist die in der Caldera de Taburiente zu sehende Kissenlava. Obwohl die Inseln Makaronesiens weit voneinander getrennt liegen, finden sich auf den Inseln Spezies einer gemeinsamen, eigenständigen Flora und Fauna, die sich im Lauf von Jahrmillionen entwickelt hat.

Es gibt Vertreter der Mittelmeerflora, aber auch viele, die es nur auf den Kanarischen Inseln gibt. Sie sind an allen anderen Habitaten, z. B. durch die Eiszeit, ausgestorben oder haben sich durch die isolierte Lage zu speziellen Arten entwickelt. Es sind wahre Juwelen, die man nicht ersetzen könnte. Manche Pflanzen gibt es sogar nur hier – auf La Palma.

Einige der ersten Samen oder Sporen kamen wohl von den älteren Nachbarinseln nach La Palma angeflogen. Sie reisten mit dem Wind oder im Gefieder der Vögel an.

Später brachten vermutlich die Benahoaritas, die palmerischen Ureinwohner, erste Haustiere und Saatkörner aus ihrer nordafrikanischen Heimat mit.

Nach der Eroberung durch die Spanier im 15. Jahrhundert folgten die Siedler und Kaufleute aus verschiedenen Ländern und Kontinenten mit ihren Nutz- und Zierpflanzen und weiteren Tieren.

Bei einigen Arten bzw. Unterarten, die wir heute auf der Insel sehen, handelt es sich um Endemiten. Das heißt, sie kommen nur in einer bestimmten, räumlich abgegrenzten Region natürlich vor. Die Glatte Baumschlinge oder das Kanaren-Johanniskraut sind makaronesische Endemiten. Der Kanarische Erdbeerbaum und das Baum-Aeonium gehören zu den Kanaren-Endemiten. Den Pininana-Natternkopf und den Feuerhornklee finden wir nur an bestimmten Stellen auf La Palma, sie sind La Palma-Endemiten.

Der Anbau von Mandelbäumen nimmt wieder zu.

Jüngster Vulkanismus im Jahr 2021

Am 19.09.2021 brach im Gebiet der Bergkette Cumbre Vieja bei El Paso/Las Manchas (nahe des alten kleinen Kraters Montaña Rajada) der Vulkan Tajogaite aus. 84 Tage spie er Lava, Asche, vulkanische Bomben. Laut entsprechenden Aufzeichnungen gab seit dem Jahr 1585 keinen Ausbruch, der so lange dauerte.
Am 17.12.2021 waren lt. Daten des Satelliten Copernicus von den rd. 708 km² Inselfläche ca. 12 km² (1.241,1 ha) von den Lavamassen und/oder Asche bedeckt. Das sind ca. 1,7 % der gesamten Inselfläche. Die breiteste betroffene Stelle wird mit 2,9 km angegeben. Die Höhe der Lavaschicht beträgt im Schnitt 12 m bis max. ca. 70 (!) m.
Täler haben sich gefüllt, Siedlungsgebiete, Plantagen und 2988 Gebäude wurden zerstört.
Die Höhe des neuen Vulkans beträgt lt. Involcan (s. Twitter 25.12.2021) 200 m, sein höchster Punkt liegt bei 1100 m ü. M. Es haben sich mindestens 7 Krater gebildet. Verschiedenste Lavaformen, Vulkanhöhlen und -röhren, ein Lavadelta und gut 30 neue Strände sind entstanden.
Im Umkreis von ca. 150 m des Kraters haben 95 % der Kanarischen Kiefern den Ausbruch nicht überlebt. Andere Spezies des Kiefernwaldes erlitten schwere Schäden. Das gilt auch für den Sukkulentenbusch, in dem außerdem hunderte von Euphorbien, Oleanderblättrige Kleinien, Natternköpfe und Kanaren-Ampfer-Exemplare verschwunden sind (fenixcanarias Instagram). Einige hunderte Meter von der Ausbruchsstelle entfernt dagegen haben die meisten Kanarischen Kiefern überlebt. Auch Kastanien- und Feigenbäume, Oleanderblättrige Kleinie und Kanaren-Ampfer haben sich dort binnen weniger Monate erholt.
Wo Lebensräume und Futter zur Verfügung stehen, sind auch wirbellose Tiere, Eidechsen und Vögel zurückgekehrt. Wo die Lava ins Meer stürzte, siedeln erste Algen und Fische wie Zacken- und Sägebarsche, auch Papageifische, Röhrenaale sind wieder zu sehen.
Flechten werden die jungen Lavaflächen wohl zuerst besiedeln, dann je nach Höhenlage und Feuchtigkeit vermutlich Farne und der Kanaren-Ampfer. Auch das invasive Katzenschwanzgras könnte sich als Pionierpflanze ansiedeln.
Doch wer weiß, wie bis dahin die Welt aussieht. In einem Bericht des Kanarischen Fernsehens wurde erwähnt, dass sich am Vulkan San Martín

(Fuencaliente) „schon" Boden mit Humusanteil gebildet hat. Sein Ausbruch war im Jahr 1646, also vor über 370 Jahren. Der höchste Punkt dieses Vulkans liegt bei knapp 1600 m ü. M. und seine Lava erreichte die Küste.
Der im Jahr 1971 ausgebrochene Vulkan Teneguía liegt in Küstennähe und ist nur 428 m hoch. Etwas oberhalb befindet sich der Vulkan San Antonio, dessen letzter Ausbruch auf 1677 datiert ist. Wie im bereits erwähnten Geologischen Wanderführer zu lesen ist, „ist der heutige Krater des San Antonio-Vulkans nicht die historische Ausbruchselle von 1677, sondern die einer älteren gewaltigen phreatomagmatischen Eruption, die nach einer Datierung mit der Radiokohlenstoff-Methode (^{14}C-Datierung) vor etwa 3200 Jahren in prähistorischer Zeit stattgefunden hat."
Da wundert es mich nicht mehr, dass an den Innenwänden des Kraters bereits einige Kanarische Kiefern wachsen.
Das Gebiet des Teneguía und des San Antonio gehören zur geschützten Vulkanlandschaft (IUCN, Monumento Natural), und dort befindet sich auch das Besucherzentrum „Volcán de San Antonio".
Wer mehr über Vulkanröhren erfahren möchte, kann die „caños de fuego" und die „cueva de las palomas" (Besucherzentrum Nähe Las Manchas) besichtigen.

Vulkan Tajogaite 2021 (in den ersten Tagen des Ausbruchs). Foto Helena Ahrendt.

Biodiversität und Artenschutz

Dass auch die Natur nicht unveränderlich ist, hat der Vulkanausbruch 2021 deutlich gezeigt. Einige Landschaftsteile haben sich völlig verändert oder sind komplett verschwunden. Aber auch ohne solche drastischen Ereignisse müssen bestimmte Pflanzen im natürlichen Prozess nach einer gewissen Zeit wieder gehen, um anderen Platz zu machen. Sonne liebende Natternköpfe verkümmern, weil sich junge Bäume ringsum in die Höhe recken und ihnen das Licht rauben oder Brombeerranken sie überwuchern …

„Goethepflanze", die manchen als heilende Wunderblume gilt, gehört zu den als invasiv eingestuften Pflanzen, sie vermehrt sich schnell und verdrängt andere.

Mit dem Verschwinden bestimmter Pflanzen wandern auch von ihnen abhängige Tiere in andere Gebiete, ihrer Nahrungspflanze folgend, oder sterben aus. Das ist überall auf der Welt so. Die Natur hat Jahrmillionen Jahre gebraucht, um sich zu entwickeln und ein, für den Menschen noch immer nicht zu durchschauendes, „Miteinander" geschaffen. Pflanzen, Tiere und Mikroorganismen profitieren voneinander – und natürlich auch wir. Doch gerade menschliche Eingriffe beeinflussen dieses Miteinander, sei es durch Abholzung, Feuer, Asphalt, Zement, mit oder ohne Absicht eingeführte Pflanzen und Tiere (Neophyten) … Bei einer weit im Atlantik gelegenen Insel ist der Erhalt der endemischen Arten besonders wichtig. Inselfremde Arten können sich dramatisch auswirken. Das Katzenschwanzgras z. B. breitet sich trotz Gegenmaßnahmen der Inselregierung und Freiwilligen, die sich in der Gruppe *„Sinrabogato La Palma"* zusammengeschlossen haben, immer mehr aus und verdrängt dadurch verschiedene einheimische Pflanzen.

Schön anzusehen, aber eine Bedrohung für einheimische Pflanzen und Tiere: Katzenschwanzgras, „rabo de gato".

Laut der *Fundación Canaria Reserva Mundial de la Biosfera La Palma* (https://lapalma-biosfera.es/naturaleza-d1/#-Fauna) gibt es auf La Palma 904 wildlebende Pflanzenarten, von denen mehr als 20 Prozent Arten sind, die nur auf den Kanarischen Inseln vorkommen. „Derzeit gibt es 43 auf La Palma endemische Taxa, darunter 9 Unterarten, sowie 6 Varietäten und 12 Hybriden (Santos 1983)." Aktuellere Daten konnte ich dazu leider nirgends finden.

Aus den Daten von CENTINELA (Datenbank der geschützten Arten des Kanarischen Archipels) geht im Oktober 2023 hervor, dass es auf den Kanarischen Inseln 999 geschützte Arten gibt. Davon sind 907 an Land lebende (einschl. Vögel) und 92 im Meer lebende Arten. Auf La Palma sind 405 Arten geschützt.

Die Caldera de Taburiente wurde im Jahr 1954 zum Nationalpark erklärt und 1983 das Gebiet El Canal und Los Tilos zum Biosphärenreservat. Seit 2002 hat die UNESCO die gesamte Insel als Weltbiosphärenreservat anerkannt. Im Jahr 2004 kam im Westen der Insel das Meeresreservat zwischen Playa de Charco Verde (Los Llanos de Aridane) und Las Celdas (Fuencaliente) hinzu.

An verschiedenen vom Aussterben bedrohten Pflanzen können wir uns nur erfreuen, weil ihre Lebensräume unter Schutz gestellt und ihre Art über Jahre durch Maßnahmen wie Populationsstützungen und Wiederansiedlungen erhalten und vermehrt wurde. Solche Gebiete sind durch Einzäunungen zu erkennen, die Fraßfeinde wie Kaninchen und Mähnenspringer fernhalten.

Schutzgebiet, Schild Vulkanlandschaft Fuencaliente

Was braucht es, um die Inselnatur zu entdecken?

Nehmen Sie sich Zeit. Wandern Sie möglichst nicht allein und wenn doch, sagen Sie jemandem, wohin Sie gehen. Es gibt noch immer Stellen, an denen die Handyverbindung nicht oder nur schlecht funktioniert.

1000 km gut ausgeschilderter Wanderwege führen um und quer über die Insel. Und obwohl es auf La Palma scheinbar immer hoch und runter geht, gibt es schöne Strecken, an denen auch nicht so trainierte Spaziergänger ihre Freude haben. Wer nur mit dem Auto unterwegs sein kann, dem bieten die vielen Aussichtspunkte rund um die Insel beste Möglichkeiten.

Zum Auffinden der beschriebenen Pflanzen und Tiere gibt es in diesem Buch viele Tipps, auch ohne anstrengende Märsche absolvieren zu müssen. Sie können beobachten, lauschen, riechen, fühlen, fotografieren – aber bitte, reißen Sie keine Pflanzen aus. Es ist verboten und die meisten würden schon auf dem Weg in Ihr Heimatland eingehen. In vielen Gärtnereien/Onlineshops bekommen Sie Nachzuchten bzw. Saatmaterial. Wer auf der Insel ein Grundstück bepflanzen möchte, kann Einheimisches günstig bei der „Inselgärtnerei" (S. 261) in Puntallana erwerben und somit zum Erhalt der Biodiversität beitragen.

Genießen Sie die Ruhe, wandern Sie achtsam, entdecken Sie Offensichtliches und winzig Kleines, das man nur bei genauem Hinschauen und Bücken erkennt, oder lassen Sie sich von verborgenen Waldwesen verzaubern. In Zeiten von Handy-Apps (die sich bei endemisch-kanarischen Pflanzen oft irren) und KI sollten wir nicht vergessen, dass es ein ganz wunderbares, entspanntes und lehrreiches Erlebnis ist, mit einem erfahrenen Guide unterwegs zu sein. Ihre oder seine Kenntnisse der Örtlichkeiten, der Natur, sowie der Kultur und den Traditionen machen eine geführte Exkursion besonders wertvoll.

Was muss auf jeden Fall mit?

Feste Schuhe, Kopfbedeckung, Sonnenschutz, Jacke (zumindest im Rucksack), Trinkwasser, etwas zu essen, Mülltüte.

Wie zur Erhaltung der Flora und Fauna beitragen?

- Bleiben Sie auf den gekennzeichneten Pfaden und genießen Sie die Schönheiten am Wegesrand
- Abfälle wieder mitnehmen
- Tiere nur mit Abstand beobachten und nicht mit Brot usw. füttern
- Keine Wildpflanzen mitnehmen
- Bitte nicht rauchen, kein Feuer machen

Bei Trockenheit besteht auch im Winter sehr hohe Waldbrandgefahr!

Es gibt viele Wege, um La Palma zu entdecken.

Pflanzenwelt nach Vegetationsstufen

Jede Pflanze hat ihren Lieblingsplatz. Das kann z. B. eine bestimmte Himmelsrichtung, ein Ort mit vielen Sonnenstunden, tiefer Schatten, eine bestimmte Gesteinsschicht oder das Hochgebirge sein.

Auf La Palma unterscheiden sich der feuchtere und frischere Norden und Osten vom trockneren und wärmeren Süden und Westen der Insel. Der Nordteil und die Caldera de Taburiente sind wesentlich älter als der durch jungen Vulkanismus geprägte Süden und natürlich das Gebiet um den jüngsten Vulkan Tajogaite.

Einige Pflanzen wachsen nur in bestimmten Gebieten, andere an unterschiedlichen Stellen über die Insel verteilt, dafür in variablen Höhen. Bei den Pflanzeninfos steht der Standort an erster Stelle, an dem sie am häufigsten zu sehen sind. Der Wohlriechende Jasmin z. B. wächst hauptsächlich im Thermophilen Wald, aber auch im Sukkulentenbusch. Er ist also dem Thermophilen Wald zugeordnet und enthält außerdem den Hinweis „Thermophiler Wald + Sukkulentenbusch".

Neben dem deutschen Namen der jeweiligen Vegetationsstufe ist der spanische Name angegeben und einige der dort vorkommenden Pflanzen.

Vegetationszonen

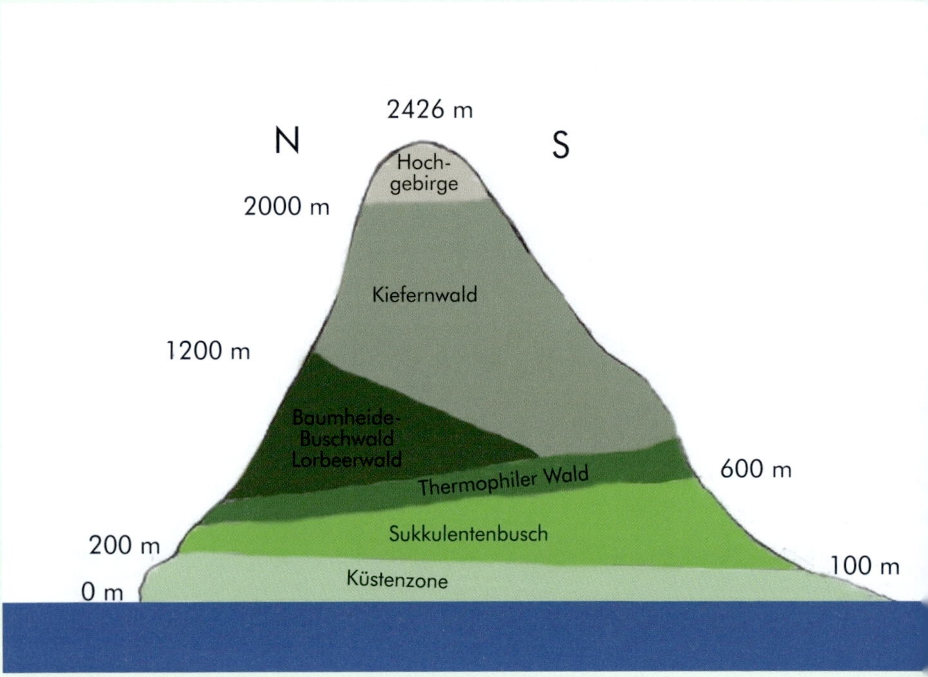

Küstengebiet/costa

Die Strände von La Palma sind mit schwarzem mineralhaltigem Sand oder Steinen in verschiedenen Größen bedeckt. An einigen Stellen reicht die Lavalandschaft bis an den Atlantik. Besonders im Norden gibt es beeindruckende Klippen.

Im Küstenbereich gedeihen u. a. Tamarisken, Eispflanzen und die Nymphendolde. Sie gehören zu den Salzliebhabern. An der Nordküste finden sich einige dieser Pflanzen durch das Spritzwasser in bis zu 200 m ü. M.

Kammförmiger Strandflieder, S.35

Nymphendolde, S. 31

Mittagsblumen, S. 28 und 29

Küste bei Santo Domingo, Garafía

Flechten der Gattung Roccella (Lackmusflechte, Orseille, Roccella) – „orchilla"

Roccella tinctoria, R. canariensis + div. ssp. (nicht end. / alle Inseln)

Um eine Flechte entstehen zu lassen braucht es mindestens einen Pilz und eine Alge. Letztere ist wiederum ein pflanzenartiges Lebewesen. Beide bilden eine win-win-Lebensgemeinschaft, die zu den Pilzen gehört.

Schon Anfang des 15. Jahrhunderts wurde mit diesen Flechten Handel betrieben, denn aus ihnen wurden durch entsprechende Verfahren die begehrten roten Farbstoffe wie Orseillepurpur, -karmin und das blauviolette Lackmuspulver hergestellt.

Orchilla-Pflücker war ein lebensgefährlicher Beruf, denn sie mussten sich zur Ernte an Felsen und Steilküsten abseilen. Ende des 19. Jahrhunderts wurden die Farbstoffe (so wie die der Cochenilleschildlaus) künstlich hergestellt und der Handel uninteressant.

Wo wachsen die Roccella-Flechten?
Küstengebiet. Z. B. bei Fuencaliente.

Meertraubenbaum – „uva de mar"

Coccoloba uvifera (nicht end.)

Genau, Trauben an einem Baum. Die ursprünglich im tropischen Amerika beheimatete Meertraube verschönert mit ihren großen, fast kreisrunden Blättern Straßen und Wege in Atlantiknähe. Wind, Salz und starke Rückschnitte machen ihr nicht viel aus. Die weißen oder weißgrünen Blüten locken mit ihrem Duft die Bienen an und die elliptischen Beeren sind essbar. Man verzehrt sie frisch, als Marmelade oder Wein.
Auf der Insel gibt es Exemplare von 3–5 m Höhe. Der höchste Meertraubenbaum, den ich kenne, steht am nördlichsten Strand von Los Cancajos.

Familie: Knöterichgewächse
Wuchsform: Baum bis 5 m, auch als Strauch oder Hecke
Standort: meist Meeresnähe
Blüte: weiß oder weißgrün / Dez.-Feb.
Früchte: bei Reife rotviolette Trauben / Spätsommer

→ Kein natürliches Vorkommen, als Zierbaum angepflanzt. Volksmedizin gegen Durchfall.

Wo wächst der Meertraubenbaum?
Küstengebiet. Avenida Marítima Santa Cruz, Strand Los Cancajos, Promenade Puerto de Tazacorte.

Mittagsblumen: Kristall-Mittagsblume – „barilla, escarcha"

Mesembryanthemum crystallinum (nicht end. / alle Inseln)

Scheinbar sind die Tropfen des Winterregens auf ihren Blättern zu glitzernden Perlen gefroren, deshalb wird sie auch Eiskraut genannt.

Diese Blasenzellen reflektieren das Sonnenlicht. Zusätzlich schützt sich die salztolerante Pflanze durch einen selbst erzeugten Farbstoff (Betacyane) gegen zu hohe UV-Strahlung. Das ist an der Rotfärbung ihrer Blätter zu erkennen. Ihre Blüten öffnet sie nur bei starker Sonne.

Normalerweise wandeln Pflanzen tagsüber mithilfe der Energie des Sonnenlichts Wasser und Kohlendioxid in Zucker und Sauerstoff um. Dabei verlieren sie durch ihre Poren an der Blattunterseite auch Feuchtigkeit. Um sich bei großer Hitze zu schützen, pausiert die Kristall-Mittagsblume jedoch die Photosynthese, indem sie ihre Poren schließt und den Sauerstoff erst nach Sonnenuntergang erzeugt.

Familie: Mittagsblumengewächse
Wuchsform: ein- bis zweijährige Sukkulente / ähnl. Bodendecker
Standort: küstennah, Strände, Brachland
Blüte: weiß / Febr.-Juli

→ Sie wurde auf den Kanarischen Inseln zur Gewinnung von Soda (Natriumcarbonat) angepflanzt, um daraus Glas, Seifen und Waschmittel herzustellen. Ursprüngliche Heimat: Südafrika. Essbar. Volksmedizin: harntreibend; äußerlich gegen Juckreiz, bei Rötungen, Hautschwellungen.

Wo wächst die Kristall-Mittagsblume?
Küstengebiet.
Z. B. in Barlovento (La Fajana), Breña Baja (Los Cancajos), Mazo (Nähe La Salemera).

Knotenblütige Mittagsblume – „cosco, barilla"

Mesembryanthemum nodiflorum (nicht end. / alle Inseln)

Sie verzweigt sich stark und kann Ranken bis 30 cm bilden. Ihre Blätter sind zylinderförmig mit einem oben abgerundeten Rand und die Farbe variiert zwischen grün, orange oder rot. Die Blütenblätter sind sehr schmal und weiß-gelb.

Ebenso wie die Kristall-Mittagsblume schützt sie sich mit speziellen Blattzellen gegen zu hohe UV-Strahlung.

Familie: Mittagsblumengewächse
Wuchsform: einjähriger Sukkulente / ähnl. Bodendecker
Standort: küstennah, Strände, Brachland
Blüte: weiß / Febr.-Juli

→ Ursprüngliche Heimat: Südafrika. Auf Fuerteventura wurden ihre Samen geröstet und zu Gofio vermahlen

Wo wächst die Knotenblütige Mittagsblume? Küstengebiet.
Z. B. in Barlovento (La Fajana).

Nymphendolde – „lechuga de mar"

Astydamia latifolia (nicht end. / alle Inseln)

Ihr Platz ist in Meeresnähe, die salzige Gischt macht ihr nichts aus. Im Sommer verschwinden ihre dickfleischigen Blätter, die Wurzel aber wartet auf die ersten Regenfälle, um erneut auszutreiben. Die üppigen Doldenblüten erstrahlen in frischem Gelb, später bilden sich Samenstände, die an Kümmel erinnern.

Der spanische Name Meersalat kommt nicht von ungefähr. Zarte Stängel und Blätter eignen sich als Salatbeigabe. Ihr spanischer Zweitname „servilleta" steht für die Benutzung als Serviettenersatz.

Familie: Doldenblütler
Wuchsform: Bodendecker / bis 40 cm
Standort: Felsküste, Spritzwasserbereich
Blüte: gelb / Dez.-April
Früchte: färben sich mit Reife von gelbgrün auf rotbraun / Sommer

→ Insektenweide; junge Blätter und Stängel essbar (Salatzutat); Volksmedizin: harntreibend, bei Magenbeschwerden und reguliert die Menstruation

Wo wächst die Nymphendolde? Küstengebiet.
Häufig in Puntagorda, Garafía, Tazacorte, Breña Baja (Los Cancajos).

Salzblume – „flor de sal de Teneguía"
(nur La Palma)

Statt aus Blütenblättern setzt sie sich aus sehr feinen Salzkristallen zusammen. Botanisch gesehen ist die Flor de Sal natürlich keine Blume, aber sie ist eine ganz besondere Spezialität der Insel. Um zu gedeihen, braucht sie Wasser, Sonne, Erde, Wind und die Handarbeit der Salzbauern.

In den Salzgärten der Südspitze von La Palma streichen die Passatwinde über das saubere Meerwasser in den Becken aus Lehm und dunklem Lavagestein. Sie helfen, die Sonnenwärme zu speichern, und fördern die Verdunstung. Das Wasser wird nach und nach von Becken zu Becken geleitet. Sein Süßwassergehalt sinkt und es beginnt zu kristallisieren. Der höchste Salzgehalt ist an der stärksten rosa Färbung zu erkennen. Sie kommt durch den hohen Betakarotinanteil der Meeresalge *Dunaliella salina*.
Das Salz wird von den Salzbauern mit Hilfe von Harke, Schaber und Sieb in traditioneller Handarbeit abgeschöpft. Bis dahin sind mehrere Monate vergangen.
Der windarme und trockene September ist der beste Zeitpunkt, um die kostbaren Salzblumen zu ernten.
Unter der Marke „Sal Marina Teneguía" werden auch grobes und feines Meersalz gewonnen.

Wo gedeiht die Salzblume? Küstengebiet. Standort: Salinen von Fuencaliente.
Blüte: weiß bis blassrosa / Mai-Nov.

→ 100 % natürliches Meersalz. 1971 blieb einer der Lavaströme des Vulkan Teneguía nur knapp vor den Salinen stehen. Bis in die 1960er-Jahre war es Aufgabe vieler Frauen, das Meersalz, das sich während des Sommers in kleinen natürlichen Tümpeln der steinigen Küste gebildet hatte, zu sammeln. Bevor es Plastikeimer o. Ä. gab, wickelten sie es in Tücher und trugen es teils auf dem Kopf nach Hause …

Seidenhaarige Schizogyne – „salado"

Schizogyne sericea (end. kan. / alle Inseln + Ilhas Selvagens)

Der meist bis 60 cm (selten 1 m) hohe verholzende Strauch hat leicht fleischige Blätter und ist silbrig behaart. Seine kleinen, eng zusammenstehenden Blüten duften und sind leuchtend gelb, wodurch er in den dunklen Küsten- und Vulkangebieten auffällt.

Familie: Korbblütler
Wuchsform: Strauch / bis 1 m
Standort: unterer Sukkulentenbusch auf Felsen und Sand / bis 200 m
Blüte: gelb / Febr.-Juni

→ Blätter und Blüten werden in der Volksmedizin und außerdem in der Gemeinde Mazo zur Gestaltung der Teppiche und Bögen beim Corpus Christi (dem Fronleichnamsfest) verwendet. In Küstennähe als Gartenpflanze geeignet.

Wo wächst die Seidenhaarige Schizogyne? Küstengebiet.
Bei Los Cancajos, La Salemera und Fuencaliente leicht zu finden.

Kammförmiger Strandflieder – „siempreviva de mar"

Limonium pectinatum (end. Kan. / H, LP, G, T, GC)

Je nach Standort liegen die Stängel dieses Strandflieders oder erheben sich. Die hell- bis grüngrauen Blätter sind rosettenförmig angeordnet. Jede Fruchtkapsel enthält nur 1 Samen.

Der wissenschaftliche Name stammt von der kammförmigen Blütenform. Der spanische Name „siempreviva" bedeutet „ewig lebend".

Familie: Bleiwurzgewächse
Wuchsform: krautige Pflanze / bis 30 cm
Standort: Felsküsten / bis 100 m
Blüte: rosa oder weiß / Jan.-Juni

→ Salzliebhaber; manche Strandfliederarten werden als Gartenblumen gezüchtet. Wir kennen sie als „Statizien". In Küstennähe als Gartenpflanze geeignet.

Wo wächst der Kammförmige Strandflieder? Küstengebiet.
Puntagorda, Garafia (in beiden Gemeinden in der Nähe der alten Häfen), Breña Baja (Los Cancajos), Mazo (La Salemera), Fuencaliente (Nähe Leuchttürme).

Kanarische Tamariske – „tarajal"

Tamarix canariensis (nicht end. / alle Inseln außer H)

Sie wächst als Strauch oder Baum in Meeresnähe. Die Tamariske hat tief reichende Wurzeln und schuppenförmige blaugrüne Blättchen mit einer Wachsschicht und speziellen Drüsen, über die sie Salz ausscheiden kann. Die Pflanze schmückt sich im Frühling mit Blütenrispen, die sich im Sommer weiß- bis rosafarben öffnen. Die behaarten Samen werden vom Wind verteilt.
Das starke Holz der Tamariske wurde früher zum Bau kleiner Boote benutzt.

Familie: Tamariskengewächse
Wuchsform: kleiner Baum oder Strauch / bis 6 m
Standort: Küstennah, Mündungen von Barrancos / bis ca. 100 m, im Osten und Nordosten
Blüte: weiß bis rosa / April-Aug.

→ Schutzhecke gegen Wind und Gischt. Färberpflanze (schwarz aus Rinde). Volksheilkunde: adstringierend, harntreibend, appetitanregend.

Geschützt

Wo wächst die Kanarische Tamariske? Küstengebiet.
Bei den Meeresschwimmbecken der Fajana Barlovento stehen zu Bäumchen beschnittene Exemplare und strauchförmige als Gischtschutz. Weitere beim Kalkofen von Puerto Espíndola (San Andrés) und an der Küstenpromenade von Los Cancajos.

Sukkulentenbusch / „cardonal-tabaibal"

Inseleinwärts schließt sich bis ca. 700 m ü. M. diese artenreiche Zone an. Im Süden reicht sie höher als im Norden. Es herrscht große Trockenheit.

Dort wachsen genügsame Wolfsmilchgewächse (darunter die Kandelaber-Wolfsmilch), Hörnerranken und Affenpalmen. Der Sukkulentenbusch erhält nur sehr wenig Niederschlag, dafür viel Sonne und Wind. Zum Überleben haben die Pflanzen besondere Strategien entwickelt. Manche speichern Wasser in ihren dickfleischigen Blättern, andere werfen ihre Blätter einfach ab.

Natursehenswürdigkeit Vulkangebiet Fuencaliente

Auf den jüngeren Lavaströmen und Vulkanen im Süden und Südwesten lassen sich die ersten pflanzlichen Eroberer dieser besonderen Landschaft bewundern. Der Ausbruch des Teneguía fand erst 1971 statt und in seiner Umgebung wachsen Flechten, winzige Sukkulenten, Kanaren-Ampfer und Wolfsmilchgewächse aus Lavagranulat oder Gesteinsritzen. Fast ohne Wasser ertragen sie die erbarmungslose Sonne.

Balsamwolfsmilch, S. 98

Hörnerranke, S. 52

Oleanderblättrige Kleinie, S. 69

Aeonium – „bejeque, bea“

Dickblattgewächse gibt es reichlich auf La Palma. Allein die Gattung Aeonium hat mehr als 40 Arten, Unterarten und Varietäten. Über 30 davon kommen nur auf den Kanarischen Inseln vor.

Auf La Palma finden sich die Pflanzen auf der Insel verteilt in Höhenlagen von 0-2400 m. Manche wachsen an vielen Stellen, andere nur in ganz begrenzten Gebieten. Die meisten blühen zwischen März und Juli.

In den trockenen Sommermonaten zehren die Pflanzen von ihren Wasserreserven. Mit dem ersten Herbstregen kommen sie wieder zu Kräften.

Einige Arten sind schwer zu unterscheiden und viele von ihnen bilden verschiedene Hybriden (mischen sich mit anderen Aeonium-Arten), das ist ein Thema für Experten.

Hier einige der wichtigsten / augenscheinlichsten Arten:

Baum-Aeonium – „bejeque, bejeque arboreo“

Aeonium arboreum ssp. holochrysum (end. kan. / H, LP, G, T)

Zur Blütezeit ist das Aenium-„Bäumchen“ nicht zu übersehen. Es entwickelt mit Beginn des ersten Herbstregens saftig grüne Blattrosetten. Der kegelförmige Blütenstand füllt sich üppig mit sternförmigen Blüten.

Die fast vertrockneten Blätter und die unscheinbaren Stängel werden dann oft übersehen. Nach dem ersten Regen erscheinen saftig grü-

ne Blattrosetten und das Baum-Aeonium schiebt seinen kegelförmigen Blütenstand nach oben.
Im Winter öffnen sich die strahlend gelben Blütensterne.

Familie: Dickblattgewächse
Wuchsform: Strauch / bis 1,5 m
Standort: Felsen, Berghänge, an Natursteinmauern / bis 1600 m
Blüte: Strahlend gelb / Nov.-Febr. (einige Standorte bis Mai)

→ Volksheilkunde: u. a. Wundheilung, bei Verbrennungen, Halsweh. Futterpflanze für Kühe, Schafe und Ziegen. Sehr gute Bienen und Insektenweide.

Geschützt

Wo wächst das Baum-Aeonium? Von den unteren Lagen bis in die Berge. Häufig im Osten, Wegränder Breña Alta, Breña Baja, Mazo (an LP-206); im Süden Fuencaliente am GR-130; im Norden/Nordosten Barlovento und Garafía (GR-130).

Spateliges Aeonium – „bejequillo"

Aeonium spathulatum (end. kan. / alle außer L+F)

Die gelben Blüten an den roten Stielen lassen den dicht verzweigten Mini-Strauch auf dem dunklen Lavagestein leuchten.

Familie: Dickblattgewächse
Wuchsform: Zwergstrauch / bis 60 cm
Standort: Waldränder; auf Felsen und Mauern / 250-2400 m
Blüte: gelb / März-Juni

→ Volksheilkunde. Futterpflanze für Kühe, Schafe und Ziegen. Sehr gute Bienen und Insektenweide.

Geschützt

Wo wächst es? Sukkulentenbusch bis Hochgebirge.
Fuencaliente (Nähe Pino de la Virgen), El Paso (Caldera de Taburiente), Breña Baja oberhalb vom Friedhof.

Gold-Greenovia – „pastel de risco, bea dorada"

Aeonium aureum (end. kan. / LP, G, T, GC)

Doppelkreis-Greenovia – „bea simple"

Aeonium diplocyclum (end. kan. / H, LP, G)

Beide Sorten blühen gelb und wachsen nur an einigen bestimmten Stellen der Insel. Sie bilden keinen Stamm unter der Rosette, eine wächst meist einzeln, die andere meist in Gruppen.

Geschützt

Wo wächst die Greenovia?
Garafía (Llano Negro), El Paso (Refugio El Pilar)

Doppelkreis-Greenovia – „bea simple", Aeonium diplocyclum, beide Fotos

Bramwells Aeonium – „bejeque palmero"

Aeonium davidbramwellii (end. La Palma)

Sein Kennzeichen sind die feinen Wimpern an den rotbrauen Blatträndern. Es gibt Einzelpflanzen, aber auch Gruppen.

Familie: Dickblattgewächse
Wuchsform: unverzweigt oder wenig verzweigter Strauch / bis 1 m
Standort: küstennah, auf Vulkanfelsen, am Straßenrand / bis 1000 m
Blüte: weiß / März-Juni

Geschützt

Wo wächst es?
Sukkulentenbusch. Hauptsächlich im Süden + Osten. Malpaíses Mazo, Fuencaliente.

Edles Aeonium – „bejeque rojo"

Aeonium nobile (end. La Palma)

Das einzig rot blühende Aeonium ist eine echte La Palma Schönheit.
Seine Blätter formen eine Grundrosette, die je nach Standort einen Durchschnitt von 10-60 cm erreicht. Die Färbung der dickfleischigen Blätter variiert ebenfalls von gelbgrün bis kupferrot. Die mehrjährige Pflanze bildet langsam einen kleinen, holzigen Stamm. Sie wächst meist unverzweigt. Im Sommer schmückt sie sich mit ihren auffälligen dunkelroten Blütensternen, die sich wie ein Schirm ausbreiten. Nach der Samenbildung stirbt die Pflanze.

Familie: Dickblattgewächse
Wuchsform: unverzweigter Strauch / bis 60 cm
Standort: Felsen in Südlage/ 150-750 m
Blüte: rot / Juni-Aug.

→ Früher in der Volksheilkunde verwendet. Heute dank dem Vivero Insular (S. 259) auch in einigen öffentlichen Gärten angepflanzt.

Geschützt

Wo wächst das Edle Aeonium? Nur an wenigen Stellen.
Angepflanzt: El Paso (Botanischer Garten), Los Llanos (Stadtpark A. Gómez Felipe). Natürlich: an den Felswänden Tijarafe (kurz vor Mirado El Time).

Affodill – diverse „gamona / garmona"

Asphodelus spp. (nicht end. / alle Inseln)

Der Affodill ist sehr gesellig und bildet oft Gruppen, die ganze Wiesen füllen können. Seine sternförmigen Blüten werden besonders im Winter von Bienen und den endemisch kanarischen Erdhummeln angeflogen.

Im Sommer, wenn die Blätter verwelken, zehrt der Affodill von der Feuchtigkeit, die er in seinen verdickten Wurzeln gesammelt hat. Die Blütenstiele ragen noch immer aufrecht. Früher bastelten die Kinder Windmühlen daraus.

Familie: Grasbaumgewächse
Wuchsform: aufrechte Staude / bis 1,6 m hoch
Standort: Sukkulentenbusch, Waldlichtungen, Graslandschaften / bis 1000 m
Blüte: weiß (manchmal rosa überhaucht) mit rotbraunem Mittelnerv / ca. Dez.-Mai
Früchte: Frühling bis Sommer. Fruchtkapseln färben von grün auf rotbraun. Schwarze Samen

→ ✋ Leicht toxisch. Wird vom Vieh verschmäht. Nach Waldbränden oft erster Unterbewuchs im Kiefernwald. Früher als Polsterung zwischen den einzelnen Bananen-Händen (8-20 zusammenhängende Früchte) der noch im ganzen verschifften Fruchtstände.

Alle auf La Palma vorkommenden Affodill-Arten werden „gamona" genannt. Die einzelnen Arten sind nur schwer zu unterscheiden:

Ästiger Affodill – *Asphodelus ramosus L.*
Dünnblättriger Affodill – *Asphodelus tenuifolius cav.*
Röhriger Affodill – *Asphodelus fistulosus L.*
Weißer Affodill – *Asphodelus albus*

Wo wächst der Affodill? Sukkulentenbusch, Kiefernwald, Wiesen.
Mazo (Am GR-130 Tigalate Richtung Mazo), Barlovento viele Wegesränder.

Amerikanische Agave – „pitera"

Agave americana (nicht end. / alle Inseln)

Die stängellose Blattrosette entspringt direkt am Boden aus ihrem Rhizom. Sie wird gut 2 m hoch und erreicht einen Durchmesser bis 3,5 m. Die immergrünen, blau- oder graugrünen Blätter, an den Rändern mit sehr spitzen, bis ca. 2 cm langen Dornen. Die Blattenden gleichen Pfeilspitzen und ein Stich oder Ratscher der schwarzen Enddorne ist sehr schmerzhaft.

Nach frühestens etwa 10 Jahren bildet sich der Blütenstängel mit horizontalen Ästen. Ihre Enden schmücken sich mit vielen Teilblütenständen. Die gelben Einzelblüten erreichen eine Höhe bis zu 10 cm. Die Blütenröhre ist trichterförmig. Meist übernehmen Fledermäuse die Bestäubung.

Nach Blüte- und Fruchtbildung stirbt die Rosette. Vermehrung durch Ableger und Samen.

Familie: Spargelgewächse
Wuchsform: Rosettenförmige Pflanze / Blütenstängel bis 10 m hoch
Standort: Sukkulentenbusch, Felsenküsten, Barrancos
Blüte: gelb / Juni-Aug.
Früchte: dreikammerige Kapsel, mit schwarzen Samen / Herbst

→ ☝Als invasiv eingestuft. Leicht giftig! In ihrer Heimat Mexiko wurden und werden diverse alkoholische Getränke (Tequila, Pulque …) aus ihr hergestellt. Auf La Palma lange Zeit zur Seilherstellung aus ihren Fasern kultiviert. Ihre Blüten sind bei Vögeln und Insekten beliebt als Nahrungsquelle, Futterangebot, Bade- und Aussichtsplatz.

Wo wächst die Amerikanische Agave? Barrancos, einige Gärten. Barlovento (Topaciegas). Mazo (Straße Richtung Nambroque).

Schwanenhals-Agave – „agave del dragón, cuello de cisne"

Agave attenuata (nicht end. / LP, G, T, GC)

Die Blattrosette hat einen kurzen Stamm aus ihrem Rhizom. Ihre graugrünen Blätter sind dornenlos und weich. Oft von vielen kleinen Agaven-„Babys" umgeben.
Je nach Standort (Natur oder Garten) dauert es Jahre, bis die Pflanze blüht. Der unverzweigte Blütenschaft beugt sich ab einer gewissen Höhe dekorativ herab. An ihm erscheinen dicht an dicht unzählige Knospen, die sich von der Blattrosette her nach oben öffnen. Vermehrt sich reichlich durch Ableger und Samen.

Familie: Spargelgewächse
Wuchsform: Rosettenförmige Pflanze / gebogener Blütenstängel bis 4 m lang
Standort: Warme niedrige bis mittlere Lagen, Gärten
Blüte: hellgelb / Hauptzeit Dez.-März
Früchte: Kapsel, mit schwarzen Samen / Frühling

→ Heimat Mexiko. Als Zierpflanze eingeführt. Beliebt in Gärten.

Wo wächst die Schwanenhals-Agave?
Mazo (verschiedenen Gärten bei La Salemera, Malpaíses); Breña Baja (Nähe Montaña de las Breñas).

Kanaren-Ampfer – „vinagrera"

Rumex lunaria (end. kan. / alle Inseln)

Seine glänzenden grünen Blätter sind beliebtes Viehfutter. Sie haben den typisch frisch sauren Ampfergeschmack. Der spanische Name „vinagrera" kommt von „vinagre" = Essig.
Die dichtstehenden Blüten sind unscheinbar und können grüngelblich bis rötlich sein. Auffällig sind die ca. 0,5 cm großen Samen, die ihre Farbe von Grün über Rosé und Rot zu Braun wechseln. Die Fruchtklappen sind rund wie der Vollmond, daher auch der Name Mondampfer. Die großzügige Verbreitung übernimmt der Wind.

Familie: Knöterichgewächse
Wuchsform: Busch / bis 3 m
Standort: Malpaís, Brachland, Felsen, Barrancos / bis 1500 m
Blüte: grün manchmal rötlich / Dez.-Juni
Früchte: rot / Frühsommer

→ Erstbesiedler auf Vulkangelände, Samen als Material bei Corpus Christi (3). Volksmedizin: hoher Anteil an Oxalaten / Blätter u. a. blutreinigend, entzündungshemmend, bei Insektenstichen; Wurzel: schleimlösend.

Wo wächst der Kanaren-Ampfer? Sukkulentenbusch, Küstengebiet, Thermophiler Wald.
An Wegrändern fast inselweit. In Fuencaliente, Mazo, Barlovento, Garafia.

Asphaltklee – „tedera“

Bituminaria bituminosa (nicht end. / alle Inseln)

Bei Asphalt kommt einem der unangenehme Geruch frisch geteerter Straßen in den Sinn, doch für mich duftet dieser Klee würzig. Auf La Palma wurde er als Futterpflanze für Kühe, Schafe und Ziegen eingeführt.
Im Frühjahr ist er mit seinen vielen blauvioletten, am Kelch behaarten Blüten hübsch anzusehen. Auch Bienen und vor allem die Kanarischen Hummeln lieben ihn sehr. Im Norden von Teneriffa gibt es Honig davon. Der „Miel de Tedera“ ist hellgelb.

Familie: Hülsenfrüchtler
Wuchsform: Halbstrauch / bis 1 m hoch
Standort: Brachland, Weg- u. Straßenränder, steinige Wiesen / 50-1250 m
Blüte: weiss-blauviolett / März-Juli
Frucht: pro Hülse 1 Samenkorn / Aug.

→ Wichtige Futterpflanze für Kühe, Ziegen, Kaninchen. Volksmedizin: Blätter als Aufguss gegen Sodbrennen und Blähungen. Zerkleinerte Blätter blutstillend bei kleineren Wunden.

Wo wächst der Asphaltklee?
Weideflächen mittlere Höhenlagen, Wegränder.

Pippau

Es gibt 5 Sorten auf La Palma, alle haben gelbe Blüten. Sie haben Zungenblüten wie der Löwenzahn und verteilen ihre Samen auch per Flug.

Zerschlitzter Bartpippau – „lechugilla canaria"

Tolpis laciniata (end. kan. / H, LP, G, T)

Die Blätter seiner Rosette sind schmal und gefiedert. Seine Blütenstände verzweigen sich weiter oben. Die ganze Pflanze wirkt zart.

Familie: Korbblütler
Wuchsform: ausdauernde krautige Pflanze / bis 40 cm
Standort: felsige Standorte / 300-800 m
Blüte: gelb / März-Mai
Früchte: ähnlich Löwenzahn / Frühling

Wo wächst der Zerschlitzte Bartpippau? Sukkulentenbusch bis Lorbeerwald. Fuencaliente (Vulkan San Antonio), El Paso (Nähe Cumbrecita), Roque de los Muchachos (Los Andenes), Barlovento (oberhalb La Laguna).

Santos' Bartpippau – „lechugilla de Santos"

Tolpis santosii (end. La Palma)

Die Blätter seiner Rosette sind nicht gefiedert und am Rand leicht gesägt. Auch seine gelben Blüten sind mit 2,5 cm Durchmesser größer als beim Zerschlitzten Bartpippau

Wuchsform: Ausdauernde krautige Pflanze / bis 30 cm
Standort: Felsstandorte Küsten / 0-100 m

→ selten

Wo wächst Santos' Bartpippau? Nur Nord- und Nordost-Küste. Puntallana (Playa Nogales).

Glatte Baumschlinge, Hörnerranke – „cornical"

Periploca laevigata (end. mak. / alle Inseln)

Die Hörnerranke kann als aufrechter, verholzter Strauch wachsen oder sich kletternd um sich selbst und andere Pflanzen schlingen. Sie ist immergrün (außer in extrem trockenen Sommern). Blätter und Stängel enthalten einen weißlichen, klebrigen Milchsaft.
Die sternförmigen Blüten sind nur 1 cm groß. Ihre Früchte erreichen jedoch eine Länge von 5-12 cm. Zwei gegenüberliegenden Balgfrüchte sind an der Basis verbunden und krümmen sich wie kleine Hörner nach oben. Sie färben sich von grün über gelb auf braun.

Familie: Hundsgiftgewächse
Wuchsform: Strauch / bis 2 m hoch
Standort: (halb-)trockene, sandige oder steinige Böden, warm / 50-700 m
Blüte: gelblich-grün, innen violett / ca. Sept.-März
Früchte: flache, seidig behaarte rötlich-braune Flugsamen / Frühling

→ Auch Pflanzen wie die Wachsblume, Stapelien oder die Seidenpflanzen (Asclepia) gehören zur gleichen Familie. Bestäubung überwiegend durch Zweiflügler (überwiegend verschiedene Fliegenarten). Beliebtes Ziegenfutter. Volksheilkunde: zur Behandlung von Hautentzündungen, -reizungen und Verbrennungen.

Wo wächst die Glatte Baumschlinge? Sukkulentenbusch. Außer im Südwesten an vielen Standorten in Küstennähe.
Garafía (Gebiet Puerto de Santo Domingo), Mazo (Buschland Malpaíses Abajo), El Paso (Caldera de Taburiente).

Kanaren-Beifuß – „incienso, incensio"

Artemisia thuscula (end. kan. / H, LP, G, T, GC)

Im Hochsommer verbreitet der stark verzweigte, holzige Strauch seinen würzigen Duft besonders stark. Der spanische Name *incienso* bedeutet Weihrauch und manche Menschen lieben ihn, anderen ist er unangenehm.
Die Farbe der gefiederten Blätter reicht von blassem Grün bis zu silbrig weiß bei Trockenheit. Seine vielen winzigen rundlichen Blütenköpfe bilden dichte längliche Blütenstände. Die Pflanze ist an wenig Feuchtigkeit und hohe Temperaturen angepasst und braucht Sonne.

Familie: Korbblütler
Wuchsform: Busch / bis 1,5 m hoch
Standort: Weg- u. Straßenränder / 50-700 m
Blüte: goldgelb / April-Juli am häufigsten
Früchte: winzige Samen / Frühsommer

→ Volksmedizin: u. a. gegen innere Parasiten bei Menschen und Tieren, harntreibend, entzündungshemmend, bei Magenbeschwerden. Schutz vor Geistern. Zum Räuchern: gegen Mücken, Flöhe, Läuse. Zum Abfegen der Stacheln der Kaktusfeigen.

Wo wächst der Kanaren-Beifuß? Sukkulentenbusch.
Puntallana (Mirador von San Bartolo), Wegränder Mazo, Fuencaliente, Barlovento.

Bergminzen werden wegen des ähnlichen Aussehens auch Bergthymian genannt. Es gibt auf La Palma eine einheimische Bergminze, die mit zwei zusätzlichen Unterarten vertreten ist.

La-Palma-Bergminze a) – „tomillo de limón, tomillo de burro"

Micromeria herpyllomorpha ssp. herpyllomorpha (end. La Palma)

Familie: Lippenblütler
Wuchsform: Verholzter Strauch / bis 70 cm
Standort: Felsritzen an offenen sonnigen Stellen / 50-1800 m
Blüte: von weißlich, über rosa bis purpurfarben / März-Juni

→ Weitverbreitet. Sehr variabel im Aussehen. Riecht stark nach Zitrone. Verwendung in Küche und Volksmedizin (zur Stärkung der Kopfhaut; antiseptisch, krampflösend).

Wo wächst die La Palma-Bergminze? Von der Küste über den Sukkulentenbusch bis in die Wälder.
Barlovento (Am Wanderweg Monte del Pueblo), Fuencaliente (Gebiet Leuchttürme-Vulkane), Mazo (Malpaíses).

La-Palma-Bergminze b) – „tomillo de cumbre"

Micromeria herpyllomorpha ssp. palmensis (end. La Palma)

Familie: Lippenblütler
Wuchsform: Viel verzweigter Strauch / bis 25 cm
Standort: Felsstandorte / 1800-2400 m
Blüte: von rosa bis purpurfarben / Juni-August

→ Selten.

Wo wächst diese La Palma-Bergminze? Nur in Höhenlagen.
Gipfel der Caldera der Taburiente, Roque de los Muchachos.

Breitblättriger Blaustern – „cebolla almorrana mayor"

Scilla (Autonoe) latifolia (nicht end. / alle außer GC + Marokko)

Vielleicht ist seine eiförmige, runzelige Zwiebel der Grund für den spanischen Namen „Große Hämorrhoiden Zwiebel"...

Ausdauernd ist die Pflanze und ihre 3-6 grundständigen Blätter haben oft einen purpurfarbenen Rand. Sie ist ein Frühblüher und die blauvioletten Blütentrauben erscheinen am unverzweigten Blütenstängel, an kurzen Stielen.

Die Früchte färben sich von grünschwarz auf orange und enthalten 1-3 schwarze Samen.

Im Sommer, nach der Samenreife, sterben die 10-40 cm langen Wedel ab, um im Herbst wieder auszutreiben.

Familie: Spargelgewächse (früher Hyazinthengewächse)
Wuchsform: Ausdauernde krautige Zwiebelpflanze / bis 50 cm
Standort: Felsstandorte / 150-600 m
Blüte: blauviolett / Dez.-Jan.
Früchte: kugelig, bei Reife orange / Februar

→ Giftig. *latifolia*: aus dem latainischen latus = breit und folius = Blatt. Als Gartenpflanze geeignet, Blüten halten leider nicht lange.

Wo wächst der Breitblättrige Blaustern? Oberer Sukkulentenbusch, Thermophiler Buschwald, Baumheidezone.
Mazo (Nähe Mirador oberhalb Flughafen, La Salemera, GR130 bei Montes de Luna), Barlovento (Hänge bei Gallegos), Puntagorda (Montaña Matos).

Sichelblättrige Eberwurz – „cabezote, malpica brillante"

Carlina falcata (end. kan. / LP, T)

Die Eberwurz ähnelt einer Distel, obwohl die Sichelblättrige Eberwurz keine Dornen oder Stacheln besitzt. Es ist möglich, dass es Hybriden mit der Weidenblättrigen Eberwurz (*Carlina salicifolia*) gibt, die selten und an der Nordküste zu finden ist. Die Blätter dieser zweiten Art sind breiter und an den Rändern dornig gezähnt.

Die stark verzweigten Sträucher der Sichelblättrigen Eberwurz sind über die Insel verteilt an vielen Stellen zu finden. Sie ist an ihren schmalen, oberseits glänzenden Blättern zu erkennen, unterseits sind sie weißfilzig.

Ihre Blütenköpfe erreichen einen Durchmesser von 2 cm.

Familie: Korbblütler
Wuchsform: Strauch / bis 1 m
Standort: Felsstandorte / 200-1900 m
Blüte: hellgelb / Mai-Juli
Früchte: kleine Samen werden mit dem Wind verteilt / Sommer

→ Bienenweide.

Geschützt

Wo wächst die Sichelblättrige Eberwurz? Sukkulentenbusch, Barrancos.
Tijarafe (Barranco del Jurado), San Andrés y Sauces (Marcos y Cordero), El Paso (Caldera de Taburiente).

Echter Feigenkaktus – „tunera“

Opuntia maxima (*Opuntia ficus-india*) (Heimat Mexiko / alle Inseln)

Laut einer Info-Tafel im Zigarrenmuseum „Museo del Puro palmero y las Cruces“ wurde diese Kaktusart im Jahr 1825 auf La Palma zum ersten Mal zur Zucht von Schildläusen angebaut. Aus den weiblichen Cochenille-Läusen wurde das wertvolle Karmin gewonnen und die Kaktusfrüchte gegessen. (Der Roman „Nacaria“ des Autors Sabas Martín erzählt von dieser Zeit.)

Nachdem der Farbstoff künstlich hergestellt werden konnte, wurde die Cochenille-Laus uninteressant, die Früchte des Feigen-Kaktus werden aber weiterhin verzehrt. Sie löschen wunderbar den Durst und enthalten Vitamine der B-Gruppe, Vitamin C, Betakarotin, Mineralstoffe wie Kalzium, Magnesium und Kalium.

Der Stamm des Feigenkaktus verholzt mit dem Alter, immer mehr flache Kaktusohren gliedern sich aneinander.

Die echten Blätter werden oft übersehen. Sie sind klein, spitz und verwandeln sich in Stacheln.

Zuerst erscheinen die Früchte, auf denen sich die bis 7 cm großen Blüten entwickeln. Sie können gelb oder orange sein. Bienen und Hummeln baden regelrecht darin und pudern sich mit Blütenstaub.
Wenn die Blüten abfallen, werden die Früchte dicker und größer. Sie sind eiförmig, 5-6 cm lang und 3-4 cm breit. Das saftige Fruchtfleisch kann je nach Sorte weiß, gelb oder rot gefärbt sein und enthält viele kleine und harte Samen.

Aktuell auf den Kanaren als invasiv eingestuft. Die Einstufung als invasiv scheidet die Geister. Die Pflanze kommt mit wenig Wasser aus, ihre Früchte sind begehrt und auch die Kaktusohren könnten in der Lebensmittelbranche verwendet werden.

Familie: Kakteengewächse
Wuchsform: Strauch / bis 5 m
Standort: An Wegrändern, Brachflächen / 0-800 m
Blüte: gelb oder orange / Mai-Juni
Früchte: grün-gelblich oder rötlich / reif ca. Aug.-Nov. (je nach Standort)

→ Vorsicht! Die Kaktusfeigen sitzen voll winziger Stacheln. Nicht mit der bloßen Hand anfassen. Zur Saison gibt es sie gesäubert auf Bauernmärkten und manchmal auch im Supermarkt. Man kann sie auch trocknen.

Wo wächst der Feigenkaktus? Sukkulentenbusch.
Inzwischen wird der Echte Feigenkaktus immer seltener auf La Palma, denn ein eingeschleppter Parasit, die Mexikanische Schildlaus, vernichtet immer mehr Pflanzen. Die gesündesten Pflanzen wachsen noch im Norden, z.B. um Barlovento, Garafía.

Opuntia dillenii (nach ihrem dt. Entdecker Johann Jacob Dillen) – „Tunera India“

Opuntia dillenii (nicht end. / alle Inseln)

Der u. a. aus Zentralamerika stammende Kaktus wurde im 19. Jahrhundert auf den Kanaren als Zierpflanze eingeführt. Inzwischen hat er sich nicht nur „naturalisiert“, sondern gilt auf den Inseln als Invasor.
Gut erkennbar an seinen besonders langen Stacheln an den Platykladien (Glieder oder auch Blattohren genannt). Im Internet heißt es immer wieder, die Früchte hätten keine Stacheln, doch ich weiß aus eigener Erfahrung: sie haben. Und zwar sehr viele winzig kleine, also Vorsicht beim Pflücken!

Familie: Kakteengewächse
Wuchsform: niedrig oder als Busch bis 3 m
Standort: Wegränder in Küstennähe / 0-300 m
Blüte: gelb / Hauptblütezeit Juni-Juli
Früchte: purpurrot / reif ganzjährig möglich (nach Standort)

→ Früchte roh, als Saft, Marmelade oder Likör verzehrbar. Volksmedizin: blutzuckersenkend, teils als Superfood gehypt.

Wo wächst Opuntia dillenii? Sukkulentenbusch, Küstenzone.
Puntagorda, Garafía (Punta Juan Adalid), Mazo (Nähe La Salemera).

Fenchel – „hinojo"

Anethum foeniculum spp. (nicht end. / alle Inseln)

Der wilde Fenchel wächst häufig an Weg- und Straßenrändern. Die aufrecht wachsende Pflanze mit ihrem blaugrünen Stängel ist vor allem zur Blütezeit gut zu erkennen.
Der Gewürzfenchel bildet keine Knollen. Von ihm werden in der Küche die jungen fiederschnittigen Blätter, Blüten und Samen verwendet.
Die kleinen Samen habe keine „Flugvorrichtung" und fallen einfach herab.

Familie: Doldenblütler
Wuchsform: sehr ausdauernd / bis 2 m hoch
Standort: Weg- u. Straßenränder, Brachland / 0-1200 m
Blüte: gelbe Dolden / ca. Juni-Okt.
Früchte: braun / Herbst

→ Futterpflanze; Küchengewürz, als Anisersatz; Volksheilkunde gegen Bauchschmerzen, Magen-Darmbeschwerden, bei Atemwegsbeschwerden, antibakterielle Wirkung. Vorkommen auch West-/Südeuropa, N-Afrika, Asien, Makaronesien.

Wo wächst der Fenchel?
Weit verbreitet in den mittleren Höhenlagen.
Breña Alta (unbenutzte Weideflächen oberhalb San Pedro), Barlovento, Las Tricias.

Verschiedenblättriger Gamander – „jócama, jócamo"

Teucrium heterophyllum ssp. brevipilosum (end. kan. / LP, G,T , GC)

Der stark verzweigte Strauch breitet seine leicht brechenden Zweige weit aus. Seine Blätter sind oberseits grün-grau und mit Härchen besetzt, unterseits silbrig. Sie sind unterschiedlich groß, verschieden geformt, am Rand mal glatt, mal gesägt und manchmal sind sie rot – passend zum Namen. Eigentlich fällt der Gamander nur durch seine Blüten auf. Der ganze Strauch hat einen besonderen, aromatischen Duft.

Wuchsform: Strauch / bis 2 m
Familie: Lippenblütler
Standort: steinig, felsig / 100-1600 m
Blüte: orange, rot oder rotbraun / Febr.-Mai
Früchte: klein, länglich, bräunlich / Frühling

→ Ein Gebiet in Franceses (Garafía) ist nach der Pflanze benannt. Früher war sie öfter zu finden, heute ist der Jócamo in der Natur selten. Der Strauch wird inzwischen in öffentlichen und privaten Gärten gepflanzt.

Geschützt

Wo wächst der Verschiedenblättrige Gamander?
Sukkulentenbusch, Untergrenze Thermophiler Buschwald.
Mazo (Montaña Centinela),
El Paso (Botanischer Garten).

Gänsedisteln

Von ihnen gibt es gleich mehrere Arten auf La Palma – von solchen mit dornigen bis hin zu zart gefiederten Blättern. Die auffälligsten sind die Hierro- und die La Palma-Gänsedistel. Ihre Blätter sind als Rosetten angeordnet und beide erinnern an einen Riesenlöwenzahn. Ihre Blüten sind beliebte Tummelplätze für verschiedene Insekten. Je nach Höhenlage sind die stachellosen Gänsedisteln teils schon im Januar bis in den Sommer hinein an vielen Stellen der Insel gut zu erkennen.
Beide sind beliebtes Viehfutter und werden deshalb auch „lechuga de cabra" = „Ziegensalat" genannt.

Hierro-Gänsedistel – „cerraja, cerrajón herreño"

Sonchus hierrensis (end. kan. / H, LP, G)

Sie eine stattliche Pflanze mit einem stark verholzten Stamm. Ihre Blätter können gut 50 cm lang werden. Die vielen Blütenköpfe haben vor dem Aufblühen an ihrem Stängel eine filzige, weiße Behaarung. Sie verschwindet später völlig.

Die geöffneten Blüten erreichen einen Durchmesser bis 7 cm und erinnern an Löwenzahn. Sie duften nach Honig.
Die Hierro-Gänsedistel wächst auf praktisch kahlen Felsen, auf Klippen und im Malpaís mit seinem noch wenig entwickelten Boden.

Familie: Korbblütler
Wuchsform: Strauch / bis 2 m hoch
Standort: Wegränder, Felsen, Lavaflächen, Lorbeerwald / 300-1000 m
Blüte: goldgelb / ca. Jan.-Juni
Früchte: Die Samen werden, wie beim Löwenzahn durch den Wind verteilt

→ Besiedelt historische und jüngere Lavaflächen. Ihr Milchsaft ist ungiftig. Teils als Viehfutter angebaut. Insektenweide.

Wo wächst die Hierro-Gänsedistel?
Häufig auf der Ostseite und im Norden. Vom unteren Teil des Malpaíses bis in das Weidegebiet Altos de Mazo, Fuencaliente, Los Tilos (San Andrés y Sauces), auf der Westseite bei La Cumbrecita und in Richtung Valencia (El Paso). Im Süden am GR130 Fuencaliente-Montes de Luna.

La Palma-Gänsedistel – „cerraja, lechugilla“ Sonchus palmensis (end. La Palma)

Diese Sonchusart kommt nur auf La Palma vor. Sie blüht etwas später als die Hierro-Gänsedistel.
Der La Palma-Endemit unterscheidet sich von ihr durch schmalere und tiefer eingeritzte Blätter. Auch die Blüten der La Palma-Gänsedistel sind kleiner (geöffnet ca. 2 cm Durchmesser) und doch üppig.
Die Wuchsform kann von einem „Einzelbäumchen“ von über 1,60 m Höhe bis zum dichten, weit verzweigten Strauch variieren.

Familie: Korbblütler
Wuchsform: Strauch bis 2 m hoch
Standort: felsige Standorte / 300-1000 m
Blüte: goldgelb / ca. März-Aug.
Früchte: Die Samen werden, wie beim Löwenzahn durch den Wind verteilt

→ Besiedelt historische und jüngere Lavaflächen. Ihr Milchsaft ist ungiftig. Teils als Viehfutter angebaut. Insektenweide. Auch als Gartenpflanze geeignet.

Wo wächst die La Palma-Gänsedistel? Hauptsächlich mittlere Höhenlagen Ostseite.
El Zumacal (Breña Baja), am Rand der Straße, die auf den Berg Montaña de Las Breñas führt. Im Süden am GR-130 Fuencaliente-Mazo. Im Nordosten Schluchten bei La Galga, Franceses, Los Tilos.

Grausenf – „relinchón"

Hirschfeldia incana (nicht end. / alle Inseln)

Wenn der Grausenf in Blüte steht und ganze Felder gelb färbt, ist er eines der beliebtesten Fotomotive von La Palma. Wie verzaubert wirken die Aufnahmen von Pferden und Menschen zwischen den leuchtenden Blüten. Zuerst sprießen die dicht behaarten unteren Blätter und dann der mehrfach verzweigte Blütenstand. Jede Blüte ist nur knapp 2 cm groß, aber dafür gibt es viele!

Familie: Kreuzblütler
Wuchsform: Pflanze 20 bis 100 cm hoch
Standort: Brachland, Wegränder / 0 bis ca. 1500 m
Blüte: strahlend gelb / ca. März-Juni
Früchte: in gestielten Schoten, Samen rundlich, dunkles olivgrün / Sommer

→ Nachdem immer mehr Felder unbestellt bleiben, hat sich der dort ausgebreitet. Bienenweide und Bestandteil von einigen Honigen. Man kann ihn mit der Kanarischen Hundsrauke *(Erucastrum canariense)* verwechseln, die im Spanischen auch „relinchón" heißt.

Wo wächst der Grausenf? In El Paso zur Blütezeit unübersehbar (Nähe Besucherzentrum), bei Valencia. Garafía (Gebiet Nähe Llano Negro, Las Tricias).

Haouarythen-Kanarenmargerite – „margarita, pampillo"

Argyranthemum haouarythemum (end. La Palma)

Wild wachsende Margeriten findet man häufig auf La Palma. Diese Art wächst an vielen Stellen der Insel. Je nach Standort entwickeln die Pflanzen sich größer oder kleiner.
Ihr Kennzeichen sind ihre nur 2-5 cm breiten und bis zu 16 cm langen Blätter. Mit ihren üppigen Blüten verzaubert die Haouarythen-Margerite die karge Vulkanlandschaft bei Fuencaliente oder ist Farbfleck zu Füßen der Natternköpfe auf dem Roque de los Muchachos.

Familie: Korbblütler
Wuchsform: Verzweigter, kahler Strauch / bis 1 m
Standort: Felsstandorte / 100-2400 m
Blüte: weiß mit gelber Mitte / je nach Standort Okt.-Mai.
Früchte: verbreitet sich leicht durch Samen

→ Als Gartenpflanze genutzt. Der scheinbar unaussprechliche Namensteil *Haouarythen* ist den Ureinwohnern der Insel, den Auaritas (auch Benahoaritas genannt), gewidmet.

Wo wächst die Haouarythen-Kanarenmargerite? Sukkulentenbusch, Barrancos, (1), Kiefernwald bis auf höchste Gipfel. Küstenzone. Mazo (Montaña de Azufre); El Paso (Roque de los Muchachos; Fuencaliente (El Charco); Puntagorda.

Oleanderblättrige Kleinie, Affenpalme – „verode"

Kleinia neriifolia (end. kan. / alle Inseln)

Ihr Name stammt von den oleanderähnlichen Blättern. Bei Dürre wirft die Sukkulente ihre Blätter ab, davon zeugen punktförmige Narben am Stamm. Dann gleicht sie mit ihren kandelaberartigen kahlen „Armen" eher einem Skelett.

Nach den ersten Regenfällen treibt der Strauch schnell wieder aus. Die üppigen Blattschöpfe und der gerade Stamm geben einigen eine Baumform. Die schmalen weiß-gelben Blüten werden gerne von Bienen besucht. Später warten unzählige Flugsamen an den Gliederspitzen auf ihre Reise mit dem Wind. Die Pflanze ist weit verbreitet.

Familie: Korbblütengewächs
Wuchsform: Busch oder Bäumchen / bis 3 m
Standort: Küste, Sukkulentenbusch / bis ca. 1000 m
Blüte: weiß-gelb / ca. Okt.-Juni
Früchte: Schirmchen ähnlich Löwenzahn / Herbst

→ 🖐 Bienenweide. Leicht giftig; Volksmedizin: äußerliche Anwendung zur Wundheilung. Als Gartenpflanze in Meeresnähe geeignet. Wird manchmal für einen jungen Drachenbaum gehalten.

Wo wächst die Affenpalme? Sukkulentenbusch, Thermophiler Buschwald. Los Llanos, Barlovento, Garafía, Mazo, Fuencaliente. Häufig in Küstennähe, Barrancos und aufgegebenem Ackerland.

Strauchiger Krapp – „tasaigo / galguitero"

Rubia fruticosa (end. alle kan. Inseln, Madeira, Ilhas Selvagens)

Der robuste Strauch hat eine verholzte Basis und kann sehr unterschiedlich aussehen. Seine Äste schlingen und klettern über mehrere Meter, wobei sie andere Pflanzen rücksichtslos überwuchern.

Jedes seiner dunkelgrünen Blätter ist mit reichlich stacheligen rauen Zähnen besetzt. Dadurch haften sie an Kleidung und Haut.

Die kleinen Blüten sind unscheinbar, die bei Reife durchsichtigen Früchte dafür sehr interessant.

Familie: Rötegewächse
Wuchsform: Strauch / bis 2 m hoch
Standort: trockene Buschlandschaften, Brachland, Hänge / 20-1000 m
Blüte: gelbgrün / Jan.-März
Früchte: kugelige Beeren, weißlich durchsichtig enthalten die fast schwarzen Samen / Frühsommer

→ Färbepflanze (Rot aus gemahlenen Wurzeln). Volksmedizin: u. a. harntreibend. Bei der Verbreitung der Samen helfen Eidechsen, indem sie die Beeren fressen, und zusätzlich Raubvögel, die wiederum die Eidechsen fressen und die Samen somit in größerer Entfernung verteilen.

Wo wächst der Strauchige Krapp?
Sukkulentenbusch. Fast rund um die Insel in Küstennähe.
Mazo (Malpaíses, Montaña de Azufre), Fuencaliente (meerwärts Nähe Vulkan Teneguía), Tijarafe (Barranco El Jurado), El Paso (Caldera de Taburiente).

Gekerbtblättriger Kreuzdorn – „espinero, leña negra"

Rhamnus crenulata (end. kan. / alle Inseln)

Dieser Kreuzdorn gleicht ein bisschen einer Festung, denn mit den Jahren verholzt er stark und seine Äste verzweigen und verschlingen sich ineinander. Noch dazu enden die Astspitzen in Dornen, was den Busch in ein undurchdringliches Dickicht verwandelt. Seine ledrigen Blätter sind auf der Oberseite grüner als auf der Unterseite und am Rand gekerbt-gesägt. Die netzartigen Adern sind besonders gut an der Unterseite zu erkennen. Obwohl immergrün, wirft der Strauch bei starker Trockenheit sei Laub ab.
Die Blüten sind sehr klein und bilden Gruppen. Die Früchte sind fleischige Beeren, die sich über grün und rot auf schwarz färben.

Familie: Kreuzdorngewächse
Wuchsform: Strauch / bis 3 m
Standort: Trockene, felsige Hänge vom Nordwesten bis Südosten / 250-800 m
Blüte: Grünlich-gelblich / Dez.-Mai
Früchte: Bei Reife schwarz mit 3-4 Samen / Sommer

→ Färbepflanze (Gelb aus den Früchten). Tischlerei, das dunkle Holz ist sehr hart und wurde u. a. im Bootsbau als Rudergabel benutzt. *Espinero* = Dorniger. Volksmedizin: harntreibend, abführend. Zur Wiederbesiedlung degradierter Zonen des ehemaligen Thermophilen Buschwaldes wichtig. Futterpflanze für die Raupen des Zitronenfalters.

Wo wächst der Gekerbtbättrige Kreuzdorn? Sukkulentenbusch bis Thermophiler Buschwald.
Mazo (Malpaíses), Breña Baja (Montaña de Las Breñas), Garafía (Gebiet bei El Jaral).

Weidenblättrige Kugelblume – „mosquera"

Globularia salicina (end. kan. + Madeira / H, LP, G, T, GC)

Wie der Name sagt, sind die Blütenstände dieses Strauches kugelig. Die kleinen Blütenköpfe sitzen an den Zweigenden.

Auch der Strauch selbst mit seinen dichten Zweigen voll immergrüner schmaler ledriger Blätter erscheint oft kugelig. Häufig picken Grasmücken oder Zilpzalpe in ihm nach Insekten.

Familie: Wegerichgewächse
Wuchsform: Strauch / bis 1,5 m hoch
Standort: felsig, oberer Sukkulentenbusch / 200-700 m
Blüte: bläulich weiß / März-Juli
Früchte: kleine Nüsse mit einem dunkelbraunen Samen / Spätsommer

→ früher wurden ihre Blätter als gelbes Färbemittel verwendet. Als Gartenpflanze geeignet.

Wo wächst die Weidenblättrige Kugelblume?
Barlovento (Nähe Mirador Montaña el Molino), Fuencaliente (Küste El Charco), Barranco de las Angustias.

Kanaren-Lavendel – „lavanda, mato risco"
Lavandula canariensis (end. kan. / alle Inseln)

Diese Lavendelart verströmt zwar nicht den für uns typischen Duft, sondern riecht eher verhalten würzig, doch für Schmetterlinge, besonders die Admiralfalter, ist er eine beliebte Nektarquelle.
Die Größe seiner fein gegliederten, behaarten Blätter mit den abgerundeten Ecken kann je nach Standort sehr unterschiedlich sein. Die ährenförmigen Blütenstände sind häufig verzweigt.
Wo die Pflanze sich wohlfühlt, vermehrt sie sich fleißig durch Samen und kann Gruppen bilden.

Familie: Lippenblütler
Wuchsform: Strauch / bis 1,5 m hoch (einschl. Blütenstand)
Standort: Malpaís (1), Brachland, Felsen, Barrancos / 20-600 m
Blüte: blau bis blauviolett / Dez.-Juni

→ Lt. einer Studie des Botanischen Gartens in London gibt es auf jeder der 7 Kanarischen Inseln eine eigene Unterart des Kanaren-Lavendels. Verwendung in der Volksmedizin: Einige Blätter unter dem Hut gegen Kopfschmerzen. Bei innerer Unruhe, Erschöpfung, Einschlafproblemen. Gegen Motten usw. in Kleidung und auch im Kartoffelvorrat.

Wo wächst der Kanaren-Lavendel?
Häufig, an vielen Stellen in Küstennähe.
In Mazo (Montaña de Azufre); Garafía (Buracas); El Paso (Caldera de Taburiente); Las Manchas.

Klaffende Leuchterblume u. Gabelige Leuchterblume – „cardoncillo de La Palma, cardoncillo verde"

Ceropegia dichotoma ssp. (end. La Palma)
Ceropegia dichotoma ssp. dichotoma (end. kan. / H, LP, T))

Die Leuchterblume scheint nur aus runden, zylinderförmigen, fleischigen, grünlichen oder gräulichen Stängeln zu bestehen. Sie strecken sich wie kleine Leuchter nach oben, trotzdem sind sie an natürlichen Standorten schwer zu erkennen.
Ihre wenigen schmalen Blätter finden wir nur an frischen Trieben. Sie fallen nach kurzer Zeit ab und erst mit der Blüte, durch die man wie ein kleines Fenster schauen kann, fällt die Leuchterblume (auch Fensterpflanze genannt) auf.
Es gibt zwei verschiedene Blütenarten auf La Palma. Einige Pflanzen haben innen gelbe Blüten, außen sind sie blassgelb oder weiß.

Nur auf der Isla Bonita finden wir einige Pflanzen, deren Blüten innen goldgelb, außen grünlichweiß und mit purpurfarbigen Nerven gezeichnet sind.

Familie: Hundsgiftgewächse
Wuchsform: sukkulenter Busch / bis 1 m
Standort: felsige Hänge, Steilfelsen / 50-700 m
Blüte: gelblich (Näheres s. Text) / Febr.-Mai
Früchte: bei Reife schwarz / Frühsommer

→ Giftig für Mensch und Tier (Hunde!). Verwendung in der Volksmedizin: Saft der Stängel zur Wundheilung. Zierpflanze. Der spanische Name bezieht sich auf die Ähnlichkeit mit der Pflanze cardón (Kanaren-Wolfsmilch). Futterpflanze der Raupen des Afrikanischen Monarchfalters.

Geschützt

Wo wächst die Leuchterblume? Sukkulentenbusch.
Gelbweiße Blüten: Garafía (oberhalb Santo Domingo am Mirador Tanausú). Die mit dem purpurfarbigen Nerven: Don Pedro Richtung El Tablado.

Mauer-Monanthes – „pelotilla de muro"

Monanthes muralis (end. kan. / H, LP, G?)

Dieser Winzling wird häufig übersehen. Das ausdauernde Dickblattgewächs schmiegt sich in Fels- und Mauerritzen und wächst selbst an den Wänden alter Natursteingebäude.
Die Blätter sind mit Papillen (kleinen Warzen) besetzt und bilden Rosetten. Aus deren Zentrum erscheinen die Blütenstände. Die Schönheit der Blüten erkennt man am besten mit einer Lupe oder später beim Betrachten der Fotos (großartig für Makroaufnahmen). Dann lassen sich auch die kreisförmig angesetzten Nektardrüsen erkennen, mit denen die Monanthes ihre Bestäuber anlocken.

Familie: Dickblattgewächse
Wuchsform: Kleinstrauch / nur 5 cm hoch
Standort: Felsen, Mauern, Gebäudewände / 200-1000 m
Blüte: gelblichweiß mit rosa und rot / April-Mai
Früchte: winzige Samen / Sommer

→ Genau hinschauen bitte! Vor allem an nach Norden oder Nordosten orientierten alten Natursteinkonstruktionen in den tiefen und mittleren Zonen.

Geschützt

Wo wächst die Mauer-Monanthes? In Mazo (Wanderweg von Malpaíses Richtung La Salemera).

Rosa Nachtkerze – „hierba de golpe"

Oenothera rosea (nicht end. / LP, T, GC, F, L)

Vom Aussehen würde man diese kleine Pflanze nicht für eine Nachtkerze halten. Weder Farbe noch Wuchsform passen dazu.
Sie stammt aus Nord- und Südamerika und ist aus Gärten ausgewildert.

Familie: Nachtkerzengewächse
Wuchsform: Krautige ein- oder mehrjährige Pflanze / bis 50 cm
Standort: Ruderalstandorte, Weg- u. Straßenränder / 50-800 m
Blüte: rosa / Apr.-Aug.
Früchte: Fruchtkapsel ca. 2 cm mit mehreren Samen / Spätsommer

→ Vermehrt sich nur durch Samen. In Nordamerika, im Becken von Mexiko, wächst sie in 3200 m Höhe. In Peru etc. Verwendung in der Volksheilkunde.

Wo wächst die Rosa Nachtkerze? Vom Sukkulentenbusch bis in Lorbeerwälder.
Am häufigsten in der Gemeinde Barlovento (Wegränder, an Pisten z. B. oberhalb von La Laguna Richtung El Río).
San Andrés y Sauces (Los Tilos).

Kurzästiger Natternkopf – „arrebol/tajinaste/taginaste"

Echium brevirame (end. La Palma))

Die Größe dieses reich verzweigten Natternkopfs hängt sehr von seinem Standort ab. An windgepeitschten Stellen drückt er sich fast an den Boden und erreicht kaum 20 cm, windgeschützt erreicht er eine Höhe bis 1,5 m. Sein auffälligstes Merkmal sind die winzigen, borstigen Haare an seinen Blättern, die schnell in unvorsichtige Finger eindringen.
Er gehört zu den ersten Wildpflanzen, an denen sich die Bienen laben können. Imker stellen ihre Kästen deshalb gern zur Blütezeit in Küstennähe.

Familie: Raublattgewächse
Wuchsform: Strauch / bis 1,5 m hoch
Standort: Felsküsten, Brachland, Malpaís, Sukkulentenbusch / bis 600 m
Blüte: weiß / Febr.-April
Früchte: kleine Samen, bei Reife schwarz / Frühsommer

→ Bienenweide. Vorsicht: winzige Borstenhaare.

Wo wächst der Kurzästige Natternkopf? Hauptsächlich im Süden, Nähe Montaña de Azufre (Mazo), Fuencaliente (Volcán San Antonio).

Wegerichblättriger Natternkopf – „suaja"

Echium plantagineum (nicht end. / alle außer F, L)

Aus der dicht am Boden wachsenden Grundrosette mit länglichen Blättern erhebt sich der unverzweigt oder sich oben verzweigende Stängel. Ihre Blüten bilden oft hübsche Farbtupfer auf Wissen und an Wegrändern. Nach der Blüte bilden sich winzige Nüsschen von 2-3 mm Durchmesser, die die Samen enthalten.

Die ganze Pflanze fühlt sich rau und kratzig an.

Der Wegerichblättrige Natternkopf ist vor allem im Mittelmeergebiet, Nordafrika und Makaronesien verbreitet.

Wuchsform: Krautige Pflanze, ein- bis zweijährig / bis 60 cm
Familie: Raublatt- oder Borretschgewächse
Standort: Wiesen, Wegränder, Brachland / 50-1800 m
Blüte: von blau auf rötlich färbend, selten weiß / Febr.-Juni.
Früchte: graue oder schwarze winzige Samen / Sommer

→ ☞ In großen Mengen leicht giftig fürs Vieh, in kleinen Mengen als Futter für Ziegen und Kaninchen genutzt. Färberpflanze (rot aus der Wurzel). In der Volksheilkunde bei Husten und

Bronchialkatarrh, harn- und schweißtreibend. Manchmal als Gartenpflanze, neigt zum Invasor. Bestandteil vieler Bögen und Teppiche beim Corpus Christi in Mazo (Fronleichnam).

Wo wächst der Wegerichblättrige Natternkopf? Sukkulentenbusch, überwiegend untere bis mittlere Höhenlagen. Thermophiler Buschwald, Lorbeerwald, Baumheide-Gagelstrauchzone, Kiefernwald. Mazo (GR-130 Mazo-La Sabina)); El Paso (Nähe Ermita Virgen del Pino).

Zungen-Reichardie – „cerrajón, cerraja de costa"

Reichardia ligulata (end. kan. / alle Inseln außer L)

Ihre hübschen gelben Blüten erinnern an Löwenzahn. Die Blätter sind jedoch ledriger und stärker gezähnt bis stachelig.
Die strahlend gelben Blüten erreichen einen Durchmesser von 3 cm.

Familie: Korbblütler
Wuchsform: krautige Pflanze / bis 50 cm hoch
Standort: felsig, steinig / Brachland / 100-1600 m
Blüte: gelb / je nach Standort vom Winter bis in den Sommer
Früchte jeder kleine Samen hat haarige Flugschirme / fast ganzjährig

Wo wächst die Zungen-Reichardie? Sukkulentenbusch, Thermophiler Buschwald. Barlovento (Barranco Topaciegas), Fuencaliente (Vulkan San Antonio), Barranco Las Angustias.

Echte Retama – „retama, retama blanca canaria"

Retama rhodorhizoides (end. kan. / alle Inseln ausser L)

Die Retama wird auch als Kanarischer weißer Ginster bezeichnet. Die Sträucher können bis zu 4 m hoch werden. Ihre grau-grünen Zweige scheinen sich unter den vielen Blüten zu biegen und lassen sie manchmal wie kleine Bäume aussehen. Ihre kleinen, seidenhaarigen Blätter haben sie bereits abgeworfen, wenn sich die nach Honig duftenden, weißen Blüten mit den rotbraunen Blütenkelchen öffnen. An naturbelassenen Hängen der warmen Küstenbereiche leuchten die Büsche wie helle Farbtupfer. Manchmal werden die Sträucher von den Raupen verschiedener Zünsler (Schmetterlingsart) kahlgefressen.

Familie: Hülsenfrüchtler
Wuchsform: Busch bis 4 m
Standort: Felshänge; trocken / 100-700 m
Blüte: weiß mit rotbraunem Blütenkelch/ Jan.-Apr.
Früchte: eiförmig mit 1-2 Samen / Frühsommer

→ Verwendung in der Volksheilkunde: Appetit anregend, sanftes Abführmittel, Linderung bei Asthmaanfällen, bei Hautkrankheiten. Früher als Stalleinstreu. Bienenweide, Futterpflanze für Schmetterlingsraupen.

Geschützt

Wo wächst die Echte Retama? Oberer Sukkulentenbusch.
Fuencaliente (Nähe Vulkane), Mazo (Montaña de Azufre), Gebiet von Martín Luis (Puntallana), Las Manchas, Nordküste von Puntagorda und Garafía.

Breitfiedriges Rutenkraut – „cañaheja herreña"

Ferula latipinna (end. kan. / LP, G)

Obwohl der spanische Name auf die Nachbarinsel El Hierro hindeutet, wächst dort eine Verwandte dieser Pflanze, nämlich Links Rutenkraut. Dessen Blätter erinnern an Fenchel. Die gefiederten Blätter des Rutenkrauts auf La Palma sehen eher denen der Petersilie ähnlich.

Die vielen kleinen Blüten sitzen in Dolden und haben eine halbkugelige Form.

Wuchsform: Ausdauernde krautige Pflanze / bis 2 m
Familie: Doldenblütler
Standort: steinig, sonnig / 300-1000 m
Blüte: gelb / Jan.-Apr.
Früchte: längliche Samen / Frühling

Geschützt

Wo wächst das Breitfiedrige Rutenkraut?
Im Norden. Sukkulentenbusch bis Monteverde. Barlovento (Gegend bei La Palmita), Garafía (Barrancos bei Franceses und El Tablado).

Kanaren-Salbei – „salvia, salvia canaria, salvia morisca"

Salvia canariensis (end. kan. / alle Inseln)

Der ausdauernde Strauch wächst ausladend. Seine frisch ausgetriebenen Blätter sind weich. Sie können bis 15 cm lang werden und sind pfeilförmig. Die Oberseite ist grün, die Unterseite grünlich-weiß und haarig-filzig. Obwohl der Kanaren-Salbei auf allen Kanaren zu finden ist, kam er ursprünglich nur auf La Palma, Teneriffa und Gran Canaria vor. Auf den anderen Inseln wurde er eingeführt.
Salbei kommt von lataínischen „salvare" = retten.

Wuchsform: Strauch / bis 2 m
Familie: Lippenblütler
Standort: sonnige und lichte Stellen / 50-1600 m
Blüte: rosa bis lila, selten weiß / Febr.-Juli
Früchte: kleine dunkle Samen / Sommer

→ Bienen- und Schmetterlingsweide. Als Gartenpflanze. Volksheilkunde: antiviral, antiseptisch, blutdrucksenkend, tonisierend, blutzuckersenkend, verdauungsfördernd. Küchengewürz. Die Wirkstoffe sind stärker, daher Vorsicht bei seiner Verwendung als Kräutertee oder Gewürz.

Geschützt

Wo wächst der Kanaren-Salbei? Sukkulentenbusch, Brachland, Barrancos.
Von Santa Cruz bis in den Nordwesten, nicht Norden-Nordosten.
El Paso (La Cancelita), Las Manchas, Mazo (Montes de Luna Park-Rastplatz LP-2),- Tijarafe (Barranco del Jurado), Puntagorda (Barranco Garome).

Silberkraut – „paniqueso“

Lobularia spp. (end. mak. + einige Unterarten nicht end.)

Lobularia canariensis palmensis

Eine Pflanze mit vielen Unterarten auf den verschiedenen Inseln. Auf La Palma kommen ca. 4 davon vor.

Ihr Name bedeutet „Brot und Käse“ – vielleicht weil ihre Blütenblätter so weiß wie Ziegenkäse sind?
Nach Käse duften sie jedenfalls nicht.

Familie: Kreuzblütler
Je nach Sorte:
Wuchsform: Halbstrauch oder niederliegend / bis 25 cm hoch bzw. 45 cm lang
Standort: Brachland, Felsen, steinige Hänge oder sandige Böden / bis 2000 m
Blüte: weiß / Jan.-Dez.
Früchte: kleine Samen / ganzjährig

→ Insektenweide. Zierpflanze.

Wo wächst das Silberkraut? Von der Küste bis zu den Gipfeln.
Fuencaliente (Nähe Vulkan Teneguía), Tijarafe (Barranco Jurado).

La Palma-Strauchflockenblume – „cabezón de Teneguía"

Cheirolophus junonianus (endemisch La Palma)

Eine sehr seltene Pflanze, die in 2 Varietäten vorkommt. Beide wachsen jedoch fast im gleichen Teil der Insel und sind sehr selten.

Familie: Korbblütler
Wuchsform: Strauch / bis 70 cm
Standort: trocken, sonnig, nur auf bestimmten Felsen / 200-425 m
Blüte: blassrosa / Mai-Aug.
Früchte: Nüsschen mit Flugvorrichtung / Sommer

Speziell und streng geschützt

Wo wächst die La Palma-Strauchflockenblume?
Natürliches Vorkommen nur im Süden der Insel.
Küstennähe Fuencaliente. Angepflanzt in Los Llanos (Stadtpark Parque Antonio Gómez Felipe), El Paso (Botanischer Garten).

Gerber-Sumach, Färberbaum – „zumaquero"

Rhus coriaria (u. a. Kanaren, S-Europa, N-Afrika / H, LP, G, T, GC)

Der Gerber-Sumach wurde vor Jahrhunderten als Gerbstofflieferant auf den Kanarischen Inseln eingeführt. Er gilt dort als heimisch. Auf La Palma erinnert der Name des Ortsteils El Zumacal (Breña Baja) daran.

Besonders die reichlich vorhandenen Zweige des immergrünen Strauches sind mit feinen, dichten Haaren besetzt. Seine tiefgrünen Blätter sind am Rand gezähnt.

Die Blüten sitzen in dichten Rispen, die ebenfalls dicht behaart sind. Auch die Früchte sind üppig behaart. Die Samen gleichen in Form und Farbe winzigen Linsen.

Die Pflanze duftet angenehm, besonders stark gegen Abend.

Familie: Sumachgewächse
Wuchsform: Strauch oder kleiner Baum / bis 3 m
Standort: Felsstandorte, felsige Hänge, Wegränder etc. / 200-900 m
Blüte: weiß und grünlich / Apr.-Juli
Früchte: Außen rötlich-braun, behaart. Samen glatt / Herbst

→ Gehört zur gleichen Familie wie der Mangobaum. Früher als Gerbstoff für Felle. Färberpflanze: gelb, rot, dunkelbraun, schwarz. Verwendung in der Küche: Die sauerschmeckenden reifen Früchte werden z. B. getrocknet, feingemahlen und leicht gesalzen bei Schmorgerichten und fetten Speisen vor allem in der türkischen Küche als Gewürz (Sumach) verwendet. Es gilt als magenschonend und verdauungsfördernd. Sehr wichtige Heilpflanze: U. a. antibakterielle, antimykotische und antioxidative Eigenschaften.

Wo wächst der Gerber-Sumach?
Angepflanzt in der Zone des Sukkulentenbusches. Mazo (gegenüber Fußballplatz).

Fädlicher Teideginster – „escobón / retama fina"

Spartocytisus filipes (end. kan. / H, LP, G, T)

Viele schlanke, biegsame Zweige formen den dichten Busch. Er liebt volle Sonne. Seine kleinen Blätter sitzen zu dritt an einem kurzen Stiel. Wenn sich seine reinweißen Blüten öffnen, verströmen sie einen starken Duft und halten sehr lange.

Familie: Hülsenfrüchtler
Wuchsform: Busch / bis 3 m
Standort: Barrancos; Gebüsche / 200-800 m
Blüte: weiß / Jan.-April
Früchte: kleine Hülsen / Frühsommer

→ Als Gartenpflanze geeignet. Bienenweide. Sein hartes Holz wurde im Kunsthandwerk verwendet.

Geschützt

Wo wächst der Fädliche Teideginster? Küstennähe. Sukkulentenbusch. Garafía (Franceses), Puntagorda, Tijarafe El Paso (Caldera de Taburiente, Botanischer Garten).

Wohlriechende Todaroa – „cañaheja olorosa, herreña"

Todaroa aurea ssp. suaveolens (end. kan. / H, LP, G, T, GC)

Die ausdauernde Pflanze verströmt einen starken Duft. Zur Blütezeit kann sie empfindliche Menschen zum Niesen bringen.
Ihre Blätter sind grün und gefiedert. Die Blüten bilden fast kugelige Dolden.

Familie: Doldenblütler
Wuchsform: krautige Pflanze / bis 1 m
Standort: trockene Zonen, Kiefernwald / 100-800 m
Blüte: weißlich / Dez.-Apr.
Früchte: längliche Samen / Frühling

Geschützt

Wo wächst die Wohlriechende Todaroa? Meist niedrige Zonen im Süden der Insel, Sukkulentenbusch.
Fuencaliente (Nähe Teneguía), Tijarafe (Barranco del Jurado), Garafía (Steilküste von Franceses).

Kanaren-Trichternarzisse – „lágrimas de la virgen, azucena de risco"

Pancratium canariense (end. kan. / alle Inseln)

Die ausdauernde Pflanze schiebt im Spätsommer ihren Blütenstängel heraus. Ihre blassgrünen, 40-50 cm langen Blätter folgen erst später.
Ihre Blütendolde besteht aus 8-16 Blüten. Sie öffnen sich nur für wenige Tage und duften stark.
Die dunklen Samen der Trichternarzisse wachsen in einer grünlichen Kapseln heran.
Auf La Palma wird diese Narzissenart „Tränen der Jungfrau" (lágrimas de la virgen) genannt.

Familie: Amaryllisgewächse
Wuchsform: ausdauernde Zwiebelpflanze / mit Blütenstand bis 80 cm
Standort: steinig, küstennah, schattig / 100-700 m
Blüte: weiß / ca. Sept.-Nov.
Früchte: bei Reife schwarz / Winter

→✋Alle Pflanzenteile giftig, besonders die Zwiebel! Auch Hautkontakt mit Pflanzensaft vermeiden. Beliebte Gartenpflanze.

Geschützt

Wo wächst die Kanaren-Trichternarzisse? Sukkulentenbusch, Thermophiler Buschwald bis in Kiefernwälder.
Tijarafe (im Barranco del Jurado); Barlovento (GR-130 Nähe Cuevas de Marta); Mazo (Malpaíses).

Blütenreiche Winde – „anuel / guaidil"

Convolvulus floridus (end. kan. / alle Inseln)

Der üppige Strauch scheint sich manchmal unter seiner Blütenlast zu biegen, der Wind fegt durch seine Zweige und er ist häufig auf der Insel anzutreffen. Bei großer Hitze und Trockenheit wirft die Winde ihre länglichen, graugrünen Blätter ab.
Viele der Blüten mit nur ca. 1 cm Durchmesser öffnen sich gleichzeitig.

Familie: Windengewächse
Wuchsform: Strauch / bis 4 m hoch
Standort: trocken und sonnig / bis 600 m
Blüte: weiß oder blassrosa / Febr.-Juli
Früchte: Kapselfrucht mit schwarzen Samen / Spätsommer

→ Volksheilkunde: entzündungshemmend. Blätter zur Reinigung von Wunden und Blasen. Insektenweide. Wegen ihres schnellen Wachstums und Blütenreichtums wird sie gern als Zierpflanze in privaten und öffentlichen Gärten gesetzt.

Wo wächst die Blütenreiche Winde? Sukkulentenbusch, Thermophiler Buschwald.
Felshänge Santa Cruz in Richtung Puntallana und San Andrés y Sauces.
El Time, Tazacorte und Barranco de las Angustias.

Balsamwolfsmilch – „tabaiba dulce"

Euphorbia balsamifera (nicht end. / alle Inseln + NW-Afrika)

Sie wächst in Küstennähe an extrem trockenen Standorten. An windigen Stellen drückt sie sich an den Bogen. Wo sie sich wohlfühlt, kann sie Kugelbüsche von 2 m Höhe und 3 m Durchmesser erreichen.
Die grünlich-glänzenden Blätter sitzen an der Spitze der Stängel, die grau oder rötlich-braun sind. Auf einer Pflanze gibt es männliche und weibliche Blüten.
Vom Spätherbst bis zum Frühjahr blüht die Balsamwolfsmilch und trägt Früchte. Durch die Aufteilung der Fruchtkapseln in drei Kammern fliegen ihre Samen in drei unterschiedliche Richtungen, wenn sie aufspringen.

Familie: Wolfsmilchgewächse
Wuchsform: verholzter Strauch, oft kugelig / bis 2 m
Standort: trocken, ältere Lavaflächen / 10-400 m
Blüte: grün-gelblich / Sept.-März
Früchte: rötlich oder gelblich / Okt.-März

→ Volksheilkunde: bei Hautschwielen, Zahnschmerzen. Erstbesiedler auf Vulkangelände. Bienenweide. Einzige ungiftige Wolfsmilch.

Wo wächst die Balsamwolfsmilch? Sukkulentenbusch. Prachtexemplare in der Nähe der alten Hafenanlagen von Santo Domingo (Garafía) und Puntagorda, Fuencaliente (Nähe Leuchttürme), La Salemera (Mazo).

Kanaren-Wolfsmilch – „cardón"

Euphorbia canariensis (end. kan. / alle, L fraglich)

Mit ihrer aufrechten Form, die an Kakteen erinnert, fällt diese Wolfsmilch auf. Ihre Äste ragen wie Kandelaber in die Höhe. An manchen Felshängen ist deutlich zu sehen, wie sie sich schwungvoll nach oben biegen.

In den Küstengebieten bildet sie teils dichte Bestände, die „cardonales" genannt werden. Eine Pflanze kann 20-30 m² einnehmen. Sie wächst häufig gemeinsam mit Balsamwolfsmilch, Hörnerranke und Büschen des duftenden weißen Kanarischen Ginsters.

Die Pflanze schützt sich nicht nur mit dem giftigen Milchsaft, sondern hat zusätzlich kurze Stacheln an den Kanten ihrer Triebe.

Familie: Wolfsmilchgewächse
Wuchsform: kaktusähnlicher sukkulenter blattloser Strauch / bis 3 m
Standort: Felshänge / 50-100 m
Blüte: rötlich-grüne Scheinblüten / meist Apr.-Juni
Früchte: rotbraune Kapseln mit 3 Ecken / Sommer

→ ✋ Der dickflüssige Milchsaft ist hochgiftig, ätzend und schleimhautreizend!

Die Kanaren-Wolfsmilch wurde, wie auch andere Euphorbien, von den Ureinwohnern in Tiedentümpeln zum Betäuben/Töten von Fischen genommen, um sie anschließend einzusammeln. Diverse Anwendungen in der Volksmedizin, die ohne genaues Wissen gefährlich sein können. Früher als Brennholz. Die Pflanze ist geschützt und wird auch in Gärten angepflanzt.

Geschützt

Wo wächst die Kanaren-Wolfsmilch? Sukkulentenbusch. Küstenregion der gesamten Insel, außer Südspitze. An der Straße hinunter nach La Salemera (Mazo). An den Felshängen der LP-1 Santa Cruz Richtung Puntallana.

Lamarcks Wolfsmilch – „higuerilla / tabaiba amarga"
Euphorbia lamarckii (end. kan. / H, LP, G, T)

Ihre schmalen länglichen Blätter sitzen wie ein Schopf an den Zweigspitzen. Bei starker Trockenheit wirft die Wolfsmilch ihre Blätter ab. Von Juni bis September knabbern häufig die Raupen des Wolfsmilchschwärmers an ihren Blüten und zarten Trieben. Wenn sich die kleinen, dreifach unterteilten Fruchtkapseln bei Reife öffnen, fliegen die Samen explosionsartig durch die Luft und verteilen sich in 10-20 m Entfernung.
Wenn die Pflanze älter wird, färbt sich der Stamm von grün auf grau und wird leicht rau.
Lamarcks Wolfsmilch hat sich mit dem Nachlassen der Landwirtschaft ausgebreitet, denn sie erobert unbestelltes Kulturland.

Familie: Wolfsmilchgewächse
Wuchsform: aufrechter, verzweigter Strauch oder kleines Bäumchen / bis 2 m
Standort: sonnig und trocken / 15-1500 m
Blüte: grünlich-gelbe Scheinblüten / Jan.-Sept.
Früchte: Kleine Samen in bei Reife rötlich-brauner Kapsel / Frühsommer

→☝Der Milchsaft aller frischen Pflanzenteile ist ätzend und giftig. Kontakt mit den Augen kann zu Blindheit führen! Wurde, wie auch andere Euphorbien, von den Ureinwohnern in Tümpeln zum Betäuben von Fischen genommen, um sie anschließend einzusammeln. Erobert Vulkan- und unbestelltes Kulturland.
Eine der Futterpflanzen der Raupen des Kanaren-Wolfsmilchschwärmers (Hyles tithymali ssp. phaelipae).

Wo wächst Lamarcks Wolfsmilch? Sukkulentenbusch, Thermophiler Buschwald bis untere Kiefernwaldgrenze.
Weit verbreitet. Santa Cruz, Fuencaliente, Mazo (Parkplatz Montes de Luna am GR-130 Richtung Tigalate); Garafía.

Warzige Zaunrübe – „venenillo"

Bryonia verrucosa (end. kan. / alle außer F)

Obwohl die Warzige Zaunrübe zur gleichen Familie wie Kürbisse, Zucchini oder Gurken gehören, ist sie keinesfalls essbar. Finger weg von ihren Früchten, die wie leckere kleine Melonen aussehen! Der hohe Gehalt an Cucurbitacinen macht sie giftig. Anderseits werden diese zur medizinischen Heilwirkung untersucht.
Die Pflanze breitet sich am Boden aus oder klettert mit ihren Ranken in Bäume, auf Sträucher, Feigenkakteen oder Mauern.
Die fünfeckigen Blätter sind rau behaart. Ihre kleinen Blüten sind fünfzipflig. Die Früchte erreichen einen Durchmesser von 3 cm.

Familie: Kürbisgewächse
Wuchsform: Ausdauernde krautige Zwiebelpflanze / bis 50 cm
Standort: halbtrockene Gebiete der unteren und mittleren Zonen / 50-700 m
Blüte: grünweißlich bis hellgelb / Okt.-März
Früchte: Kugelig. Erst grün mit hellen Streifen, bei Reife orange-gelb, enthalten verschiedenen farbige kleine Samen / Sommer

→ ✋ Giftig. Früher in der Volksheilkunde als Abführ- oder Brechmittel.

Wo wächst die Warzige Zaunrübe? Sukkulentenbusch, Thermophiler Buschwald. Mazo (Malpaíses Abajo); Breña Baja (Schuzzone Thermophiler Buschwald Nähe Finca Amado); Tijarafe.

Kleinblütiger Zungenständel – „orquídea gallo menuda"
Serapias parviflora (nicht endemisch / H, LP, T, GC, L?)

Die kleine Orchidee ist ausdauernd, denn ihre Knollen überdauern die trockenen Sommermonate in der Erde. Im Frühjahr kann man sie an vielen Stellen entdecken. Ihre schmalen Blüten scheinen sich nicht richtig öffnen zu wollen.

Familie: Orchideen
Wuchsform: krautige Pflanze / bis 40 cm
Standort: Wiesen, Trockenrasen, lichte Stellen im Monteverde / 10-1200 m
Blüte: grünlich, rot-violett mit roten Nerven / März-Mai
Früchte: Die kleinen bräunlichen Samen sitzen in einer länglichen, aufrechten bis 2,5 cm langen Kapsel / Sommer

→ Außer auf den Kanaren wächst die Orchidee z. B. im Mittelmeerraum, in Portugal und Nordafrika.

Wo wächst der Kleinblütige Zungenständel? Sukkulentbusch bis Mischwald. Mazo (Waldrand von Altos de Mazo), Garafía (bei San Antonio del Monte), Barlovento (Wiesen bei La Tosca).

Thermophiler Wald /„bosque termófilo"

Ursprünglich reichte er von ca. 200 – 600 m ü. M. Vor allem bei Mazo und Breña Baja überlebten Reste des seltenen thermophilen Buschwaldes. Diese Zone ist wärmer und der salzige Atem des Meeres erreicht sie nicht mehr.

Kanarischer Drachenbaum, S.113

Kanaren-Johanniskraut, S. 122

Kanaren-Ölbaum, S. 127

Viele der einst zahlreichen Drachenbäume, Palmen, Olivenbäume usw. mussten den frühen Anbauflächen von Getreide und Wein, Weideflächen und Siedlungsgebieten weichen.

Im Parque Natural de Finca Amado in Breña Baja können wir durch eine der letzten Bastionen dieses Ökosystems spazieren, das einst die mittleren Höhenlagen der Insel prägte. Auch in einigen abgelegenen Schluchten finden sich einige dafür typische Pflanzen. Kleine Palmenhaine blieben bei Breña Baja erhalten.

Pfad im Schutzgebiet Thermophiler Wald

Weißer Backenklee - „trébol de risco blanco"

Dorycnium eriophthalmum (end. kan. / H, LP, G, T, GC)

Dieser hübsch blühende Busch wurde durch das Verdrängen des Thermophilen Waldes fast ausgerottet. Er mag nicht gern die volle Sonne und im Halbschatten, mit etwas Feuchtigkeit entwickelt er sich prächtig.

Seine herabhängenden Zweige sind immergrün. Auffällig sind die graugrünen Blätter, die an den jüngsten Zweigen in 3 Fiederblättchen enden. Etwas unterhalb sitzen 2 weitere Fiederblättchen, die an der Basis verbunden sind.

Hummeln und Bienen lieben den Nektar seiner Schmetterlingsblüten.

Die bis 3,5 cm langen Samenhülsen färben sich über grün, rot auf braun.

Familie: Hülsenfrüchtler
Wuchsform: Stark verzweigter Strauch / bis 2 m hoch
Standort: Hänge, Barrancos / 150-600 m
Blüte: cremeweiß mit zarten roten Streifen / März-Juli
Früchte: Schoten, bei Reife rotbraun / Sommer

→ Sehr selten. Steht auf der Roten Liste. Wird vermehrt in öffentlichen Gärten angepflanzt. Hummeln und Bienen lieben seinen Nektar.

Geschützt

Wo wächst der Weiße Backenklee? Oberer Sukkulentenbusch, Thermophiler Buschwald, Baumheidezone, Lorbeerwald.
Einfach zu sehen im Botanischen Garten (El Paso), Los Llanos (beim Museo Arqueológico Benahoarita MAB), Mazo (Parque temático del Corpus Christi, Nähe Bauernmarkt).

Kanarische Dattelpalme – „palmera canaria, palma"

Phoenix canariensis (end. kan. / alle Inseln)

Auch wenn diese Palme hübsche Haine bildet, steht jede einzeln. Sie bildet keine Ableger am Stamm aus, wie die Echte Dattelpalme.

Ihre Wedel werden bis 6 m lang und bilden eine sehr dichte Krone. Beim Abfallen hinterlassen sie Narben am Stamm. Oft werden sie zum Abdecken von Hütten oder Carports genommen, aber Vorsicht: Man kann sich furchtbar an den Blattspitzen und Dornen stechen.

Es gibt weibliche und männliche Pflanzen. Zu erkennen an den Blüten: weiblich = gelb / männlich = cremefarben. Letztere locken mit reichlich Pollen die Bienen an. Die Früchte werden ca. 2 cm lang und haben kaum Fruchtfleisch.

Die Kanarische Dattelpalme ist sehr langlebig und kann 200-300 Jahre alt werden.

Im Supermarkt gibt es manchmal Palmhonig (Miel de Palma). Der stammt von La Gomera und wird nicht von Bienen, sondern vom Menschen aus dem Saft der Palme hergestellt.

Familie: Palmengewächse
Wuchsform: Baum / bis 20 m
Standort: Küstennähe / 200-600 m
Blüte: weiß-gelb / Mai.-Sept.
Früchte: Bei Reife orangebraun / Sommer

→ Natursymbol der Kanarischen Inseln. Früchte als Futter für Schweine und Ziegen. Wedel, hier nur eine kleine Auswahl ihrer Verwendung, die von den Zeiten der Ureinwohner bis heute reicht: Matten, Seile, Körbe, Tragtaschen für Maultiere, Aufbewahrungstaschen für Getreide, Taschen, Hüte, Körbe, kunsthandwerkliche Flechtarbeiten, Besen, Verpackungsmaterial von Bananen für den Export.

Geschützt

Wo wächst die Kanarische Dattelpalme? Thermophiler Buschwald.
Häufig angepflanzt. Schöne Exemplare Puntallana (Martín Luis). Kleine Haine Breña Alta (z. B. Nähe Restaurant Chipi Chipi).

Kanarischer Drachenbaum – „drago"
Dracaena draco ssp. draco (end. mak. / H, LP, G, T, GC)

Vor ca. 66–55 Millionen von Jahren bevölkerten die Drachenbäume die damals subtropischen Gebiete Europas. Heute wachsen sie nur noch an ganz wenige Stellen der Welt. Die hiesige Art, Dracaena draco L., ist endemisch auf den Kanarischen Inseln und Madeira. Wild wachsende Drachenbäume sind äußerst selten.

Der Drachenbaum hat einen dicken, faserigen (nicht holzigen) Stamm mit glatter oder rauer Rinde und einer gräulichen Farbe. Seine Blätter sind 40–80 cm lang, 2–4 cm breit, flach, ledrig, biegsam und formen an den Astenden Rosetten. Sie sind grün mit einer rot-orangen Färbung an der Basis. Gut zu erkennen bei abgefallenen Blättern. Nach ca. 8–11 Jahren blüht der Drachenbaum zum ersten Mal und beginnt, sich zu verzweigen. Die kleinen, duftenden Blüten sitzen dicht an langen Rispen bis zu 1 m Länge. Seine Beeren haben kaum Fruchtfleisch und eine orangebraune Schale. Sie sind beliebt bei Amseln und Tauben. Drachenbäume sind sehr langlebig und bilden mit den Jahren auch Luftwurzeln aus. Die ältesten Exemplare der Kanaren werden heute auf 600–800 Jahre geschätzt.

Familie: Spargelgewächse
Wuchsform: „Baum" / bis 10 (selten 20) m hoch
Standort: Felsen und Hänge, in Gärten / 100 – 600 m
Blüte: grünlichweiß, cremefarben, selten weißlich rosa / ca. Dez.-Sept.
Früchte: runde Beeren, bei Reife orange / fast ganzjährig

→ Eines der Pflanzensymbole der Kanaren. Die Benahoaritas (palmerische Ureinwohner) nutzten sein Harz, das Drachenblut, als Medizin, zum Räuchern und es war ein Bestandteil zur Balsamierung ihrer Verstorbenen. Nach der

Eroberung im Namen der Spanischen Krone nahm der Bestand der Drachenbäume dramatisch ab. Aus der Rinde wurden Schutzschilde für Soldaten gefertigt, das wertvolle Drachenblut als Wundermittel nach Europa exportiert. Aus den Blättern wurden Seile hergestellt, Stämme und Äste wurden zu Bienenstöcken und Reusen verarbeitet. Die Blätter waren auch wichtiges Viehfutter, deshalb pflanzten die Landbewohner neue Drachenbäume in der Nähe ihrer Wohnstätten an. Sie pflegten die Bäume und beschnitten sie umsichtig. Dadurch entstanden Exemplare mit besonders ausgeglichen Formen und runden Kronen. Verwendung in der Volksheilkunde: u. a. bei Zahnfleischbeschwerden. Wer noch mehr über den Drachenbaum erfahren möchte, kann in meinem Buch „Geheimnisse der Insel La Palma" im Monat März nachschauen.

Vom Aussterben bedroht. Im Katalog der bedrohten Arten der Kanarischen Inseln unter der Kategorie „Arten von Interesse für die Ökosysteme der Kanarischen Inseln" aufgeführt.

Wo wächst der Kanarische Drachenbaum? Thermophiler Buschwald, oft als Zierpflanze.
Barlovento (La Tosca, rd. 26 sehr alte Exemplare), Garafía (Las Tricias-Buracas), Breña Alta (Zwillingsdrachenbäume-Dragos Gemelos, LP-301), Puntagorda (LP-1, Mirador de los Dragos).

Kanaren-Drachen- oder -Schlangenwurz – „taraguntía"

Dracunculus canariensis (end. kan. / H, LP, G, T, GC)

Der „kleine Drachen" (so die Übersetzung von Dracunculus) wächst in Gruppen, aber nur an wenigen Standorten. Die Pflanze braucht humusreichen Boden in schattiger bis halbschattier Lage.

Ihre Blätter sind groß, fußförmig, d. h. offen und in 5, 7 oder 9 Lappen geteilt. Die Pflanze hat ein Hochblatt (Spatha), das bis 50 cm lang werden kann. Die winzigen Blüten umhüllen einen schmalen blassgelben Kolben. Die Früchte sind kleine Beeren.

Im Sommer trocknet die Pflanze ein und treibt mit den Regenfällen im Herbst erneut aus dem unterirdischen Rhizom aus.

Familie: Aronstabgewächse
Wuchsform: krautige Pflanze / bis 1,5 m hoch
Standort: feuchte Standorte und Lorbeerwald/ 200-650 m
Blüte: innen weiß, außen weiß mit grün / März-Mai
Früchte: Beeren bei Reife orange oder rötlich / Sommer

→ ☝ Wie bei allen Aronstabgewächsen sind alle Pflanzenteile giftig! In Notzeiten wurden die kleinen Süßkartoffeln ähnlichen Rhizome gekocht oder geröstet verzehrt. Die Drachenwurz riecht im Gegensatz zu ihren meisten Verwandten nicht nach Aas oder anderen unangenehmen Dingen.

Wo wächst die Kanaren-Drachenwurz? Ostseite der Insel, Lorbeerwald, Mischwald. Montaña de Las Breñas (Aufstieg schmaler Weg ab Rastplatz). Mazo (kurz vor dem Mirador Astronómico Las Toscas). Breña Alta (San Pedro, Quellenweg Camino de las Fuentes).

Einsiedler-Hornklee – „pico cernícalo"

Lotus eremiticus (end. La Palma)

Kaninchen, Ziegen, Ratten, Eidechsen, Mähnenspringer und sicher auch der Mensch haben den Einsiedler-Hornklee fast ausgerottet. Und zum Glück hat er an einem einzigen Ort der Welt überlebt: auf einem sehr schwer zugänglichen Felsen an der Nordküste von Garafía.
Dank der Unterstützung der Kanarischen Regierung (Gobierno de Canarias) und den jahrelangen Bemühungen des Umweltamtes der Inselverwaltung (Medio Ambiente del Cabildo Insular) von La Palma im Rahmen eines Schutz- und Zuchtprogrammes, konnte der natürliche Bestand gesichert und vergrößert werden.
Im Jahr 2008 gab es nur noch 5 Pflanzen an dem einzigen, abenteuerlichen Standort. Die Mitarbeiter des Medioambiente besuchten diese Exemplare einmal in der Woche, um sie ggf. zu gießen und Ableger und Samen zu nehmen. Die Nachzucht erfolgte teils vor Ort, teils in der Inselgärtnerei (Centro de Recuperación de la Flora Autóctona). Dank dieser Maßnahmen hat sich die Anzahl der natürlichen Pflanzen auf dem Felsen auf ca. 80 Exemplare erhöht.
Der kriechende Halbstrauch reckt seine ockergelb-rötlichen Blüten wie kleine Schnäbel (pico cernícalo = Falkenschnabel) zwischen den Fiederblättchen hervor. Diese sind von grüngrauer Färbung, schmallänglich und nur ca. 1-1,5 cm groß. Im Gegensatz zum Feuer-Hornklee sind die des Einsiedler-Hornklees an der Spitze breiter.
Eine Pflanze hat mit ihren Trieben einen Durchmesser von ca. 40-50 cm.
Bei günstigen Bedingungen sprießen aus den am Boden verteilten Samen nach ausreichenden Niederschlägen neue Pflanzen.

Familie: Hülsenfrüchtler
Wuchsform: Halbstrauch (Bodendecker) / 10-50 cm hoch
Standort: nur auf einem Felsen / 290-300 m
Blüte: ca. April-Mai / ockergelb-rötlich
Früchte: bei Reife dunkel / Sommer

Geschützt. Vom Aussterben bedroht lt. IUCN (Weltnaturschutzunion), s. auch Catálogo Nacional de Especies Amenazadas und Catálogo de Especies Amenazadas de Canarias.

Wo wächst der Einsiedler-Hornklee?
Nur im Botanischen Garten am Besucherzentrum der Caldera de Taburiente in El Paso zu sehen.

Wohlriechender Jasmin – „jazmín", jazmín silvestre"

Jasminum odoratissimum (end. mak. / H, LP, G, T, GC, F + Madeira)

Ohne Blüten übersieht man diesen immergrünen Strauch oft am Wegesrand. Auch seine kleinen Blüten sind nicht besonders auffällig. Ihr Duft ist zarter als der des Echten Jasmins. Vermutlich heißt er deshalb Wohlriechender …

Seine Früchte sind erst durchscheinend und färben sich mit der Reife.

Wer den Jasmin in den Garten pflanzt und keinen Sitzplatz o. ä. damit beschatten möchte, sollte ihn ab und zu beschneiden. Er klettert gern und erobert dabei auch Obstbäume …

Familie: Ölbaumgewächse
Wuchsform: Strauch / bis 4 m hoch
Standort: Thermophiler Buschwald / 400-1000 m
Blüte: gelb / Dez.-April
Früchte: bei Reife wie schwarze Mini-Oliven / Frühsommer

→ Auch als Zierpflanze in privaten und öffentlichen Gärten.

Wo wächst der Wohlriechende Jasmin? Thermophiler Buschwald, Sukkulentenbusch.

Im Schutzgebiet Thermophiler Buschwald Breña Baja (bei Finca Amada), Barlovento (Barranco Topaciegas), Barranco Las Angustias, Puntagorda (Barranco de Izcagua).

Echtes Johanniskraut, Tüpfel-Johanniskraut – „hierba de San Juan lisa"

Hypericum perforatum (nicht end. / LP, T)

Dieses Johanniskraut ist mit verschiedenen Unterarten weit verbreitet, z. B. von Europa bis Asien, in Teilen Amerikas, Australien, Madeira und Azoren. Seine aufrechten Stängel haben zwei Längskanten und im oberen Teil Drüsen. Die Pflanze verzweigt sich nach oben.

Betrachtet man ihre Blätter gegen das Licht, sind durchscheinende Öldrüsen zu erkennen. Am Blattrand sitzen schwarze Punkte.

Würde man eine Blütenknospe zerreiben, träte Hypericin, ein blutroter Saft aus. Eine Legende besagt, die Pflanze entstand aus den Blutstropfen von Johannes dem Täufer als dieser geköpft wurde. Deshalb wird der Saft auch mancherorts als „Herrgottsblut" bezeichnet.

An den geöffneten Blütenblättern sind vor allem unterseits schwarze Drüsen zu erkennen.

Die Samenkapseln sind bei Reife rotbraun.

Familie: Johanniskrautgewächse
Wuchsform: Krautige Pflanze / bis 1 m
Standort: trocken bis mäßig feuchte Böden / bis 1900 m
Blüte: Goldgelb, teils mit schwarzen Drüsen / Apr.-Okt.
Früchte: winzige Samen / Sommer-Herbst

→ Färberpflanze. Blütenhöhepunkt um den Johannistag. Auf La Palma gibt es ca. 5 Arten Johanniskraut (s. Inhaltsverzeichnis). Das Echte Johanniskraut (Hypericum perforatum) ist eine bekannte Heilpflanze. Es wirkt schmerzlindernd, antiseptisch, krampflösend, aromatisch, adstringierend, gallentreibend und wird als Stimmungsaufheller, bei Depressionen, innerer Unruhe, Schmerzen und zur Wundheilung verwendet. Vorsicht: u. a. nicht bei Schwangerschaft und Stillzeit. Erhöht die Hautempfindlichkeit bei Sonnenlicht (z. B. Lupuspatienten).

Wo wächst das Echte Johanniskraut? Verlassene Äcker, Ruderalstandorte, Wiesen.
El Paso (Nähe neuer Tunnel LP-3), Breña Alta (LP-301), Mazo (Nähe Venijobre).

Kanaren-Johanniskraut – „granadillo, hierba de San Juan"

Hypericum canariense (end. mak. / H, LP, G, T, GC+Madeira)

Die Blätter dieses Johanniskrauts werden nur 2-3 cm breit. Als besonderes Kennzeichen fehlen ihnen die Drüsen an den Rändern. Junge Blätter sind heller und oft in einem rötlichen Farbton. Je nach Standort wirft der Strauch seine Blätter bei Trockenheit ab.
Seine Blüten sind ca. 2 cm breit. Zur Blütezeit strahlen die verzweigten dichten Blütenstände leuchtend gelb.

Die kugeligen Samenkapseln färben sich mit der Reife von hellgrün auf dunkelbraun und verhärten. Sie bleiben lange an der Pflanze erhalten.

Familie: Johanniskrautgewächse
Wuchsform: Strauch / 1–3, manchmal über 4 m hoch.
Standort: durchlässige Böden felsige Standorte / 150-800 m
Blüte: leuchtend gelb / März-Juli
Früchte: winzige Samen / Sommer-Herbst

→ Futterpflanze, Färbepflanze (Gelb und Beige). Auch als Gartenpflanze geeignet. Von den Ureinwohnern zur Mumifizierung ihrer Toten mit verwendet (Núñez de la Peña. 1994).

Wo wächst das Kanaren-Johanniskraut? Thermophiler Buschwald. Puntallana (Hänge von La Galga), Tijarafe (Küstennähe), Breña Baja (Schutzgebiet Nähe Finca Amada), Barlovento (Hänge GR-130 Barrancos zwischen La Tosca und La Palmita).

Kanaren-Maytenus – „peralillo"

Gymnosporia cassinoides (end. kan. / alle Inseln außer L)

Ein Unterscheidungsmerkmal sind seine wechselständigen, ovalen Blätter mit unregelmäßig gezackten Rändern, die an die des Birnbaums erinnern. Daher sein spanischer Name (pera=Birne).

Seine Früchte haben eine auffällige Form, denn die Samen sitzen in dreilappigen Kapseln. Diese sind erst fleischig und blassgrün. Dann färben sie auf hellbraun oder rotbraun verhärten und wenn sie bei Reife aufspringen, wird der weiße Samenmantel am Grund sichtbar.

Wuchsform: Strauch oder Baum bis 5 m hoch

Familie: Spindelbaumgewächse
Standort: Thermophiler Buschwald, Waldreste im unteren Bereich N und NO, Barrancos im NO / 200-800 m
Blüte: weiß / Aug.-Dez.
Früchte: hellgrün bis braun gefärbten / Frühsommer

→ Selten zu finden. Verwendung in der Volksmedizin. Die seltene und streng geschützte Lorbeertaube (Columba junoniae) mag seine Früchte.

Geschützt

Wo wächst der Kanaren-Maytenus? Thermophiler Wald.
Breña Baja (Schutzzone Thermophiler Buschwald bei Finca Amado).
El Paso (Botanischer Garten). Garafía (Barranco de Franceses).

Mocán – „mocán, mocanero"

Visnea mocanera (end. mak. / H, LP, G, T, GC, F + Madeira)

Die Ränder der ledrigen Blätter des Mocán sind leicht gezähnt. Dass die Blütezeit des immergrünen Baumes gekommen ist, kann man hören. Bienengesumm klingt aus der üppigen Krone mit den Blütenglöckchen. Außerdem duftet es angenehm. Die kleinen Blüten können einzeln oder in Büscheln herabhängen. Die fleischigen Früchte sind essbar.

Familie: Teestrauchgewächse
Wuchsform: Baum bis 10 m hoch
Standort: sonnige Hänge im Übergang thermophiler Wald und Lorbeerwald unter dem Wolkenmeer / 300-1000 m
Blüte: weiß, cremweiß / Dez.-März
Früchte: wechseln von grün auf rötlich bei Reife schwarz / Spätsommer-Herbst

→ Volksheilkunde: entzündungshemmende, antimikrobielle, schmerzlindernde, adstringierende, magenstärkende, blutstillende Eigenschaften. Die Früchte sind ausgereift sehr süß. Sie wurden wohl schon von den palmerischen Ureinwohnern gegessen und auch zu einer Art Likör verarbeitet. Auch Raben fressen die Früchte sehr gern. Sie verteilen die Samen und tragen dadurch zur Vermehrung der Bäume bei.

Geschützt

Wo wächst der Mocán-Baum? Thermophiler- und Lorbeerwald.
Garafía (in der Nähe des Besucherzentrums von La Zarza), Breña Baja (Thermophiler Buschwald Nähe Finca Amado).

Kanaren-Ölbaum – „acebuche"

Olea cerasiformis, Olea europaea (end. kan. / alle Inseln)

Die Blätter dieses immergrünen wilden Ölbaums sind wesentlich länger und schmaler als die des aus dem Mittelmeerraum bekannten Ölbaums. Der Kanaren-Ölbaum blüht ebenfalls weiß. Seine Früchte sind bei Reife schwarz. Sie sind kleiner und weniger fleischig als Kulturoliven. Ihr Öl wurde für Heilzwecke verwendet. Auf den Kanaren wird die Wildform als Pfropfunterlage für den Ölbaum (Olea europaea) genutzt.

Familie: Ölbaumgewächse
Wuchsform: Baum / bis 6 m hoch (selten höher)
Standort: Felsen, Schluchten / 100-600 m
Blüte: weiß / März.-Juni
Früchte: bei Reife schwarz / Herbst

→ Volksheilkunde: Der Aufguss aus wilden Olivenblättern wurde als harntreibendes, blutdrucksenkendes und fiebersenkendes Mittel verwendet und die zerquetschten Blätter wurden als Heilmittel bei Halsentzündungen eingesetzt. Die Einnahme eines Löffels des Öls auf nüchternen Magen gilt allgemein als wohltuend bei Verstopfung oder Nierenentzündungen. Auf der Haut hat das Öl eine weichmachende Wirkung und kann manche Dermatitis lindern. Das Holz wurde als Brennholz und zur Herstellung von Werkzeugen und landwirtschaftlichen Geräten verwendet. Die Bäume werden oft als Veredelungsgrundlage für den Olivenbaum (Olea europea) verwendet.

Geschützt

Wo wächst der Kanaren-Ölbaum? Thermophiler Buschwald, Barrancos. Breña Baja (Schutzzone Thermophiler Buschwald Finca Amado). Oft vor Kirchen angepflanzt.

Kanaren-Ständel – „orquídea de tres dedos"

Habenaria tridactylites (end. kan. / alle Inseln)

Die häufigste der kanarischen Orchideen wird oft übersehen. Sie mischt sich gern unter den Unterbewuchs an Wegrändern oder wächst an feuchten Felshängen. In den warmen Monaten trocknen die oberirdischen Pflanzenteile ein und mit den ersten Regenfällen erwacht die unterirdische Knolle wieder zum Leben. Die kleinen, duftenden Blüten haben einen kleinen Helm und wachsen an einem mehrblütigen, unverzweigten Blütenstand. Wo der Kanaren-Ständel sich wohlfühlt, bildet er kleine Gruppen.

Familie: Orchideen
Wuchsform: krautige Pflanze / 10-40, selten bis 60 cm hoch
Standort: erdige Stellen an Felshängen, steiniges Gelände / 200-1000 m
Blüte: gelblichgrün / Okt.-März
Früchte: Frühling / Kapselfrüchte mit kleinen Samen oder Tochterknollen

→ Den drei schmalen Lappen der unteren Lippe der Blüten verdankt sie ihren spanischen Namen „Drei-Finger Orchidee". Im Gegensatz zum Knabenkraut produziert der Kanaren-Ständel Nektar.

Geschützt

Wo wächst der Kanaren-Ständel? Thermophiler Buschwald, Kiefernmischwald, Baumheide-Gagelstrauchzone.
Häufig im Norden und Nordosten. Mazo (Waldränder Altos de Mazo), Straßenrand Nähe Mirador de las Ventas, Mazo-Fuencaliente (Las Flores) am GR-130, Puntallana (Cubo de La Galga).

Kanaren-Wacholder – „sabina"

Juniperus turbinata ssp. canariensis (end. kan. / H, LP, G, T, GC)

Stark verzweigt und mit einem dicken Stamm neigt sich der wohlriechende Kanaren-Wacholder oft unter den Passatwinden gen Boden. Bekannt ist die Sabina von El Hierro. Die sehr kleinen Blätter sind schuppenförmig und sitzen dicht an den Zweigen. Ihre Farbe variiert von hell- bis sattgrün. Auf demselben Baum wachsen männliche und weibliche Blüten. Ursprünglich Bewohner der Thermophilen Buschwälder, wegen seines wertvollen Holzes wurden die meisten Exemplare abgeholzt.

Familie: Zypressengewächse
Wuchsform: Strauch oder Baum / 2-3 m, selten höher
Standort: halbtrockene und Felsstandorte / 200-1900 m
Blüte: unscheinbar/ Febr.-Apr.
Früchte: kugelig Beerenzapfen, reif rötlich-dunkelbraun / Frühling

→ In der Vergangenheit wurde es als Brennholz, zur Herstellung von Werkzeugen, landwirtschaftlichen Geräten, Pfeifen, Fässern, Möbeln usw. verwendet. Volksheilkunde: antiseptisch, harntreibend und schweißtreibend. Zur Regulierung der Menstruation. ✋Vorsicht: kann scheinbar abtreibende Wirkung haben.

Damit die Samen gut aufgehen, müssen ihre Früchte den Verdauungstrakt von Raben, Alpenkrähen oder anderen Vögeln passieren.

Lt. einem Bericht im Wochenblatt (die deutschsprachige Zeitung der Kanarischen Inseln, Febr. 2022) wurde im Teide-Nationalpark ein Exemplar entdeckt, dessen Alter nach wissenschaftlichen Studien 1.481 Jahre beträgt. Somit wäre das der älteste Baum in Europa.

Geschützt

Wo wächst der Kanaren-Wacholder?
Thermophiler Buschwald, oberer Sukkulentenbusch.
El Paso (Botanischer Garten), Mazo (Nähe Santa Rosalia); selten in Barrancos im Inselnorden.

Yerbamora – „hierbamora, hediondo"

Bosea yervamora (end. kan. / H, LP, G, T, GC, F, F+H sehr selten)

Je nach Standort wächst der immergrüne Strauch mit einem kurzen Stamm aufrecht in die Höhe, stützt sich auf anderen Pflanzen oder ragt mit üppig hängenden Zweigen an Schluchtwänden und Hängen.
Werden die Blätter oder Zweige beschädigt, verbreitet sich ein unangenehmer Geruch. Daher sein spanischer volkstümlicher Name „hediondo", frei übersetzt „der Stinker". Die Blüten sind klein und wachsen in Trauben. Seine Früchte färben von grün über leuchtend rot auf schwarz. Jede Frucht enthält nur 1 schwarzen Samen. Vögel wie Amseln und Mönchsgrasmücken lieben seine fleischigen, kugelrunden Beeren.

Familie: Fuchsschwanzgewächse
Wuchsform: Strauch / bis 4 m hoch
Standort: Hänge und Felsen, sonnige Stellen im Lorbeerwald / 200-600 m
Blüte: unauffällig grünlich oder gelblich / Febr.-Juni
Früchte: Bei Reife schwarz / Sommer

→ Tier- und Volksheilkunde. Aufguss der Blütenstände wirkt beim Vieh abtreibend und fördert bei Kühen den Ausstoß der Plazenta. Umschläge zerquetschter Blätter zur Wundheilung und bei entzündeten Beinen. Färberpflanze für Karminrot. Als Gartenpflanze geeignet, da gut zu beschneiden.

Wo wächst die Yerbamora?
Randzone Thermophiler Buschwald, selten Lorbeerwald.
Schluchten im Norden und Nordosten der Insel, Santa Cruz (Barranco del Carmen), El Paso (Botanischer Garten).

„Monteverde"

Mit dem Namen „Monteverde" = „grüner Berg" bezeichnen die Palmeros die immergrünen Lorbeer- und Baumheide-Buschwälder. Je nach Feuchtigkeit, Temperatur und Eingriffen des Menschen verändert der Lorbeerwald sein Aussehen und mischt sich mit Elementen des Baumheide-Buschwaldes.

Lorbeerwald / „laurisilva"

Die immergrünen, von Feuchtigkeit gesegneten subtropischen Wälder finden wir nur im Norden und Nordosten der Insel in ca. 500-1000 m ü. M. In Europa sind sie durch die Eiszeiten ausgestorben. Diese Zone lässt ahnen, wie es vor Millionen von Jahren an vielen Stellen der Erde aussah.

Stinklorbeer, S. 172

Kanaren-Glockenblume, S. 154

Wurzenlnder Kettenfarn, S. 166

Dank des Nordost-Passats verdichten die verschiedenen Baumarten ihre Kronen zu einem Schatten spendenden Dach. Auch an trockenheißen Hochsommertagen kann man in den Lorbeerwäldern von Los Tilos und La Galga herrlich wandern.

Im Lorbeerwald von Los Tilos

Baumheide-Buschwald / „fayal-brezal"

Wo es in Höhenlagen von ca. 500-1400 m ü. M. kühler, trockener und windiger ist, finden wir diesen niedrigen Mischwald als Übergangzone zwischen Lorbeer– und Kiefernwald. Er heißt auch „Gagelstrauch-Baumheide-Zone".

Neben den namensgebenden Gagelbäumen (auch Gagelstrauch) und der Baumheide wachsen hier u. a. der Kanarenschneeball, die Stechpalme und die hübschen Zinerarien.

Besonders üppig ist diese Vegetation in der Nähe des Refugio El Pilar an dem Wanderweg „La Hilera". Dort schieben sich die Passatwolken über die Cumbre Vieja, den Gebirgsgrat, der die Ost- von der Westseite trennt.

Baumheide, S. 138

Kanaren-Stechpalme, S. 187

Gagelstrauch, S. 151

Baumheide und Gagelbaum bilden den Baumheide-Buschwald

Lockerblättriges Aichryson – „gongarillo, gongarillo canario"

Aichryson laxum (end. kan. / alle Inseln außer L)

Dickblattgewächse fühlen sich im kanarischen Klima besonders wohl. Von der Gattung Aichryson gibt ca. 7 Arten auf La Palma. Sie sind 1-3-jährig, doch eines haben alle gemeinsam: Sie blühen gelb. Daher auch ihr Name, der von den Wörtern „ai" für immer und „chrysos" für Gold stammt. „Laxum" leitet sich vom lateinischen laxus (lax, lose, locker) ab und bezieht sich auf die weichen Blätter.

Das Lockerblättrige Aichryson ist auf La Palma am häufigsten zu finden. Es ist glatt und dicht behaart, mit einem kurzen, dicken, rötlich-grünen Stängel. Die Farbe der ebenfalls dicht behaarten Blätter variiert je nach Standort und Sonneneinstrahlung von moosgrün bis ziegelrot.

Die sternförmigen Blüten haben nur etwa 1 cm Durchmesser.

Familie: Dickblattgewächse
Wuchsform: Krautige Pflanze / bis 40 cm
Standort: Feucht und schattig auf Felsen, Mauern, Wälder / 150-600 m
Blüte: goldgelb/ März-Juni
Früchte: bis 0,5 mm lange, dunkelbraune Samen / Frühling

Wo wächst das Lockerblättrige Aichryson? Lorbeer-, Baumheide- und Thermophiler Buschwald.
Breña Baja (Mauern am Wegrand oberhalb Friedhof), Puntallana (Cubo de La Galga).

→ Das nur auf La Palma vorkommende Bolles Aichryson (geschützt) ist gut an den dunklen Drüsen der Blattränder zu erkennen. Garafía (La Zarza), El Paso (La Cumbrecita).

→ Das ebenfalls nur auf La Palma vorkommende La Palma-Aichryson (geschützt) unterscheidet sich von den beiden vorherigen Arten durch seine drüsig-klebrigen Blätter. Caldera de Taburiente, Barlovento (Monte del Pueblo), San Andrés y Sauces (Los Tilos).

Madeira-Ampfer – „acedera, vinagrera de monte"
Rumex maderensis (end. mak. / H,LP,G,T,GC + Madeira)

Diese Ampferart mit häufig rötlichen Stängeln verholzt an der Basis. Ihre Blätter haben unterschiedliche Formen und sind meist hellgrün.
Der Madeira-Ampfer fällt durch seine zarten Blütenstände auf. Die Rispen stehen aufrecht, sind stark verzweigt und die Blüten färben von grün auf rötlich. Seine Samen sind von drei kleinen häutigen Fruchtklappen umgeben.

Familie: Knöterichgewächse
Wuchsform: Staude / bis 1 m
Standort: Schluchten, Wegränder im Monteverde / 200-1000 m
Blüte: purpurrot / Apr.-Aug.
Früchte: purpurfarben, rund mit winzigen Samen / Sommer

→ Volksheilkunde: Zusammenziehende und harntreibende Wirkung, auch bei Hautkrankheiten. Das Kauen auf einem Blatt löscht Durst. Wurde teils als Viehfutter verwendet, Hühner fressen sie auch gerne.

Wo wächst der Madeira-Ampfer? Lorbeer-, Baumheidebuschwald (Monteverde). Puntallana (Cubo de La Galga), Mazo (Waldrand von Altos de Mazo), Breña Baja (oberhalb vom Friedhof Montaña Las Breñas), Barlovento (Monte del Pueblo).

Barbusano – „barbuzano"

Apollonias barbujana (end. kan. + end. Madeira / H, LP, G, T, GC, F)

Ein gutes Erkennungszeichen für diesen Baum sind die warzenartigen Ausstülpungen an seinen Blättern. Sie stammen von der Milbe Aceria barbujanae. Die jungen Triebe und Blätter des Barbusanos sind rot und färben sich in wenigen Tagen auf grün um. Seine ungefüllten, duftenden Blüten sind zwittrig. D. h. sie enthalten weibliche Teile (Fruchtblätter) und männliche Teile (Staubblätter) und stehen in Rispen. Ihre Stiele verlängern sich mit der Fruchtentwicklung. Die Steinfrüchte ähneln denen des Kanaren-Lorbeers und der Indischen Persea. Auffällig ist auch der Stamm des Barbusano mit seiner schuppigen Rinde.

Familie: Lorbeergewächse
Wuchsform: Baum / bis 25 m
Standort: trockenere Zonen im Lorbeerwald / 300-1200 m
Blüte: gelblichweiß / am häufigsten Winterende-Frühjahr
Früchte: olivenförmig, bei Reife blauschwarz/ Frühsommer

Geschützt

→ Als „Kanarisches Ebenholz" bekannt und sehr ausgebeutet für Möbel, Schiffbau, Kunsttischlerei etc. Seine Blätter ähneln dem Kanaren-Lorbeer, haben jedoch keine Drüsen an der Mittelrippe.

Wo wächst der Barbusano? Lorbeerwald, selten Mischwald.
San Andrés y Sauces (Lorbeerwald Los Tilos), Breña Alta (Camino de las Fuentes), Puntallana (Cubo de La Galga).

Baumheide – „brezo"
Erica canariensis (nicht end. / H, LP, G, T, GC)

Beim Vergleich mit dem Heidekraut der Lüneburger Heide trifft es der Name Baumheide auf den Punkt. Obwohl die meisten Pflanzen mehr oder weniger regelmäßig tief zurückgeschnitten werden, um den Neuwuchs zu fördern, gibt es viele mehrere Meter hohe Exemplare.

Die Baumheide ist immergrün, stark buschig und verzweigt. Ihre kleinen Blätter werden bis zu 7 mm lang. Die neuen Triebe sind auffallend hellgrün, später färben sie sich dunkelgrün.

Bei älteren Exemplaren ist der Stamm verdreht. Die Rinde ist rötlich-braun und faserig. An Böschungen verzweigen sich die Wurzeln breit, auf der Suche nach Halt in Felsen und Erde. Zur Blütezeit reihen sich die duftenden Glöckchen so dicht aneinander, dass manchmal der ganze Baum weiß erscheint. Die kleinen, rundlichen Kapselfrüchte setzen bei Reife mehrere eiförmige, nur wenig Millimeter große Samen frei, die der Wind verteilt.

Die Baumheide bildet gemeinsam mit dem Gagelstrauch die Basis des Baumheide-Buschwaldes. Sie kommt neben den genannten Kanarischen Inseln u. a. in Westeuropa, dem Kaukasus und Ostafrika vor.

Familie: Heidekrautgewächse
Wuchsform: Strauch oder Baum / bis 15 m
Standort: nicht zu feuchte Zonen an N-NO-Hängen / 200-1700 m
Blüte: weiß-rosa/ Febr.-Mai
Früchte: winzig, eiförmig / Frühjahr

→ Volksheilkunde: Bei Blasenentzündungen oder Harnwegsinfektionen. Aus dem Reisig (dünne Zweige) wurden Besen gefertigt. Über dem Holz, bzw. der Holzkohle, wurde gekocht. Noch heute ist es beliebt als Räuchermaterial für Ziegenkäse und als Grillholz. Frische Triebe als Viehfutter und Stalleinstreu. Schmale Stämme wurden als Stützen in der Landwirtschaft, auch als Stiele für Hacken verwendet. Kunsthandwerksarbeiten, z. B. Tabakspfeifen aus den knollenartigen Wurzeln.
Zilpzalpe und Wintergoldhähnchen jagen besonders in blühenden Baumheiden nach Insekten und kleinen Spinnentieren. Bienen sammeln Nektar, Bestandteil einiger palmerischer Honige oder solo als Miel de Brezo (Baumheidehonig).

Wo wächst die Baumheide? Baumheide-Gagelstrauchzone, Lorbeerwald. Garafía (La Zarza, Barranco de Magdalena), El Paso (La Hilera), Mazo (am Weg zum Niquiomo).

Geschwänzte Bencomia – „bencomia de monte"

Bencomia caudata (end. kan. / LP, T, GC)

Der breit ausladende Strauch ist in der Natur nur an wenigen Stellen zu finden. Die Stammfarbe ist einem dunklen Grau mit Rottönen ähnlich. Die Äste sind dünn und brechen leicht. Ihre Blätter sitzen an den Astenden. Sie sind an den Rändern gekerbt-gesägt, auf der Oberseite kräftig grün und leicht glänzend. Die Unterseite ist dicht behaart und heller. Ihre Länge von bis zu 30 cm bilden sich aus 7-11 Fiederblättchen.

Es gibt Pflanzen mit nur männlichen und solche mit nur weiblichen Blüten (zweihäusig). Es sind kleine Einzelblüten, wobei die männlichen Blütenstände bis 40 cm lang werden können und herabhängen. Die weiblichen werden nur ca. 12-15 cm lang. Die Früchte sind erst grün und fleischig, später gelblich und rau.

Familie: Rosengewächse
Wuchsform: Strauch / bis 4 m
Standort: helle Standorte wie Wegränder, Felsen, Lichtungen / 500-1500 m
Blüte: weibliche rosa-rot, männliche gelb-grün / Febr.-Juni
Früchte: fast kugelförmig, bei Reife gelblich / Sommer

→ Der Name stammt von Bencomo, einem Guanchenkönig von Teneriffa.

Geschützt

Wo wächst die Geschwänzte Bencomia? Lorbeer-, Baumheidebuschwald (Monteverde), Thermophiler Buschwald.
Breña Alta (Zona Recreativa Pared Vieja), Barlovento (GR130 Einstieg Barranco von La Tosca nach Topaciegas), El Paso (Barranco Las Angustias), San Andrés y Sauces (PR LP6 Marcos y Corderos).

Schmalkronblättriger Buschginster (a) – „gacia de monte"

Teline stenopetala ssp. stenopetala (end. mak. / LP, T, GC + Kapverden)

Dies ist die am meisten vorkommende Buschginsterart auf der Insel.
Wer im Frühjahr die Bergstraße Las Mimbreras von Barlovento nach Garafía fährt, kann die gelb blühende Schönheit nicht übersehen. Sie leuchtet und duftet dort am Straßenrand – doch schön vorsichtig fahren, denn die sehr enge Straße ist zweispurig!
Die Blätter dieses Ginsters können oberseits leicht behaart oder kahl sein, ihre Unterseite ist leicht behaart.

Es gibt noch zwei andere Unterarten des Schmalkronblättrigen Buschginsters. Beide sind sehr selten und wachsen in der Kiefernwaldregion und bis auf die Berggipfel. Der eine heißt auf Deutsch ebenfalls Schmalkronblättriger Buschginster. Ich benenne ihn deshalb mit (b). Der wissenschaftliche Name lautet *Teline*

stenopetala ssp. sericea. Das andere ist der Glänzende Buschginster (c) *Teline splendens*.

Familie: Hülsenfrüchtler
Wuchsform: Strauch / bis 5 m
Standort: Bergwälder und Felsstandorte / 500-1500 m
Blüte: gelb / März-Juni
Früchte: dicht behaarte Hülsen mit kleinen schwarzen Samen / Sommer

→ Als Futterpflanze angebaut. Auch die einst als Jagdwild eingeführten Mähnenspringer fressen sie. Als Gartenpflanze geeignet.

Wo wächst der Schmalkronblättrige Buschginster (a)? Lorbeerwaldzone. El Paso Caldera de Taburiente, im Gebiet der Cumbrecita und im Botanischen Garten am Besucherzentrum, an den Bergstrassen im Norden der Insel (Barlovento, Garafía), San Andrés y Sauces und Puntallana (an lichten Stellen der Lorbeerwälder Los Tilos und Cubo de La Galga.

Papierartige Cinerarie – „encimba"

Pericallis papyracea (end. La Palma)

Kurz nach den ersten Regenschauern zeigen sich ihre gezackten, teils herzförmigen Blätter. Sie sind glatt und oberseits grün, unterseits mit einer weißlichen, spinnwebartigen Behaarung bedeckt. Dann bilden sich verzweigende Triebe und wenn die Cinerarie ihre vielen kleinen Blüten an den dichten Dolden öffnet, erscheint die Farbe Violett in allen Varianten. Hell, dunkel, rosig, bläulich – teilweise überziehen sich ganze Wiesen in verschiedenen Gemeinden mit dieser duftenden Pracht. Die Pflanze mag kühle Plätze mit reichem, tiefgründigem Boden.

Der Namensteil „papierblättrig" bezieht sich auf die Ähnlichkeit der Blütenblätter mit Papier.

Auf La Palma wächst in den Lorbeerwäldern die Pappelblättrige Cinerarie mit weißen Blütenblättern.

Familie: Korbblütler
Wuchsform: Ausdauernde krautige Pflanze / bis 1,5 m
Standort: Wald- und Wegränder, Lichtungen 200-1600 m
Blüte: blauviolett / Febr.-Juni
Früchte: winzige Samen / Sommer

→ Es gibt 12 endemische Cinerarien-Arten auf den Kanarischen Inseln (P, G, T, C). Bis auf zwei kommt jede Art nur auf einer bestimmten Insel vor. Die Pericallis ist die Grundlage für Zuchtblumen, die auf Deutsch auch Aschen- oder Läuseblumen genannt werden. Es heißt, sie seien anfällig für

Blattläuse. Auf La Palma wurden die Cinerarien jedoch nicht von Läusen, sondern von den Ziegen verspeist. Da die Vierbeiner inzwischen seltener als früher im Freigang anzutreffen sind, haben sich diese Cinerarien sichtbar ausgebreitet. Auch als Gartenpflanze oder Schnittblume geeignet.

Wo wächst die Papierartige Cinerarie? Sukkulentenbusch, Lorbeer- und Kiefernwald.
Wälder bei Barlovento (Bergwald Monte del Pueblo), Fuencaliente (Teilstücke am GR130), Breña Alta, San Andrés y Sauces (Los Tilos).

Pappelblättrige Cinerarie – „palomera, alamillo de Monteverde"

Pericallis appendiculata (end. kan. / H, LP, G, T, CG)

Als Unterbewuchs im Lorbeerwald kann diese Cinerarie als Strauch, aber auch kriechend vorkommen.
Ihre Blätter sind oberseits leuchtend grün, unterseits weißlich. Ähnlich wie bei der Silber-Pappel (auf Spanisch álamo), die auf La Palma ausgewildert vorkommt.
Weit verbreitet ist auf La Palma ihre Verwandte, die Papierartige Cinerarie mit blauvioletten Blütenblättern. Sie wächst vom Sukkulentenbusch bis in die Wälder.

Familie: Korbblütler
Wuchsform: Strauch / bis 1 m
Standort: feucht und schattig im Lorbeerwald / 600-1000 m
Blüte: weiß oder cremefarben mit gelben Röhrenblüten / Mai-Sept.
Früchte: winzige Samen / Herbst

→ Volksheilkunde: Förderung der Menstruation, bei Magenbeschwerden.

Wo wächst die Pappelblättrige Cinerarie? Lorbeerwaldzone.
Garafía (Barranco de Magdalena), San Andrés y Sauces (Los Tilos), Puntallana (Cubo de La Galga).

Kanaren-Davallia - „cochinilla"
Davallia canariensis (nicht end. / alle Inseln)

Seine Rhizome erinnern an Hasenpfoten., deshalb heißt er auch Hasenpfotenfarn. Die Palmeros nennen ihn allerdings Schweinzitzenfarn (auf La Palma gibt es keine Hasen). An Mauern oder Felsen sind die Sprosse gut zu sehen. Im Herbst sprießen daraus die grünen Wedel. Das fällt besonders in den dunklen Lavagebieten von Malpaíses auf.

Im Sommer sterben die 10-40 cm langen Wedel ab.

Familie: Farnpflanzen
Standort: von den unteren Lavalandschaften bis in den Lorbeerwald / 100-600 m
Wedel: ca. Okt.-Mai

Wo wächst die Kanaren-Davallia? Sukkulentenbusch, Thermophiler-, Lorbeer- und Heidebuschwald.
In den Lorbeerwäldern Los Tilos u. La Galga, in der Baumheide-Gagelstrauchzone (Barlovento + Breña Alta), an alten Feldmauern (Mazo /Malpaíses).

Efeufarn –„hierba candil"

Asplenium hemionitis (nicht end. / u. a. NW-Afrika, Azoren)

Der Efeufarn unterscheidet sich von den meisten anderen Farnarten durch seine ungeteilten Wedel. Die Blattspreiten erinnern an Efeublätter und werden mit zunehmendem Alter ledrig. Die Sporenkapseln bilden eine Streifenform auf der Blattunterseite.

Schluchten oder Wasserläufe, Steinmauern, Höhlen usw. sind geeignete Standorte, wobei der Boden immer humusreich ist.

Familie: Streifenfarngewächse
Wuchsform: Wedel / 10-50 cm
Standort: feucht und schattig / 250-600 m
Sporenreife: fast ganzjährig, häufig Frühjahr-Sommer

→ Volksheilkunde: harntreibend.

Wo wächst der Efeufarn? Lorbeerwald, Barrancos.
Barlovento (GR130 Topaciegas-La Tosca), San Andrés y Sauces (Los Tilos).

Kanarischer Erdbeerbaum – „madroño , madroño canario"

Arbutus canariensis (end. kan. / H,LP,G,T,GC)

Natürlich wachsen keine Erdbeeren auf dem selten in der Natur zu findenden Baum. Außer durch seine „goldenen Früchte" fällt er durch seine rotbraune, abblätternde Rinde auf. Zeitweise ist der Stamm ganz „nackt". Bei jungen Bäumen ist er grünlich gefärbt, bei älteren braun-orange bis lachsfarben. Er fühlt sich glatt, fast weich, an.

Die länglichen, hell- bis dunkelgrünen Blätter werden bis 16 cm lang und sind am Rand gesägt.

Im Winter erscheinen die glockenförmigen, duftenden Blüten. Die Früchte beginnen im Herbst zu reifen. Es dauert sehr lange bis die Beeren ihren Durchmesser von ca. 3 cm erreichen. Sie sind kugelig und warzig. Der Geschmack ist süßlich, wird mit zunehmender Reife mehliger.

Familie: Heidekrautgewächse
Wuchsform: Strauch oder Baum / bis 12 m
Standort: An sonnigen, feuchten Hängen / 500-1000 m
Blüte: weiß oder blassgrün / Okt.-März
Früchte: kugelige, warzige Beeren bei Reife orange mit mehreren Samen / Frühling-Sommeranfang

→ Das berühmte Stadtwappen von Madrid zeigt seinen Verwandten, den Europäischen Erdbeerbaum, von dem ein Bär nascht. Auch die Früchte des Kanarischen Erdbeerbaums sind essbar. Sie waren ein Nahrungsmittel der Ureinwohner. Zierpflanze. Volksheilkunde: bei Harnwegsinfektionen, Blasenentzündungen, Steinen und Nierenkoliken, Hautproblemen. die Rinde wurde als Gerbstoff verwendet.

Geschützt

Wo wächst der Kanarische Erdbeerbaum? Lorbeer- und Mischwald. Angepflanzt Mazo (beim Friedhof), Breña Alta (Zona Recreativa Pared Vieja), Barlovento (Zufahrt zum Freizeitpark La Laguna).

Makaronesischer Gagelbaum oder Gagelstrauch – „faya"

Morella faya (Myrica faya) (end. mak. / alle Inseln + Madeira, Azoren)

Die faya (gesprochen fa-ja) strotzt dem Wind und auch nicht zu langen Trockenperioden. Durch die vom Menschen verursachte Degradierung und Abholzung konnte sie Zonen des ehemaligen Lorbeerwaldes einnehmen.

Der immergrüne Baum hat einen einfachen oder von der Basis her verzweigten Stamm. Die Farbe seiner Rinde variiert je nach Alter zwischen bräunlich oder verschiedenen Grautönen.

Die bis ca. 8 cm langen Blätter sind dunkelgrün und wachsen dicht.

Es gibt männliche und weibliche Bäume (zweihäusig). Der gelbe Pollen der in dichten Büscheln stehenden männlichen Blüten verteilt sich manchmal großzügig über die Blätter. Die weiblichen Blüten sind kürzer, rosa-rötlich und sitzen dichter unter den Blättern.

Die Früchte des Gagelbaums färben von grün über rot auf blauschwarz. Sie werden fayos oder fitos genannt und sind essbar. Ihr Aussehen erinnert an Brombeeren, jedoch viel kleiner. Sie haben kaum Fleisch und Saft.

Familie: Gagelstrauchgewächse
Wuchsform: Strauch oder Baum / bis 12 m (in dichten Wäldern bis 20 m)
Standort: nicht zu trocken, auch in Mischwäldern / 400-1500 m
Blüte: blauviolett / Hauptblütezeit Winter (je nach Standort auch Frühling)
Früchte: kugelig, bei Reife orange / Hauptzeit Frühling-Sommer (je nach Standort)

→ Volksheilkunde: Schmerzlindernd, adstringierend, bei Erkältungen, frische Rinde zur Blutstillung bei kleinenWunden. Holz- und Wurzelholz wurde für landwirtschaftliche Utensilien, Werkzeugstiele, Stützgabeln, Pfähle und beim Hausbau verwendet.

Früchte essbar direkt vom Baum, Hühner fressen sie auch gerne. Die kanarischen Ureinwohner sollen sie getrocknet ähnlich wie Gofio verwendet haben. Färberpflanze (braun und gelb). Lt. der Weltnaturschutzunion IUCN gehört der Makaronesische Gagelbaum zu den 100 schädlichsten invasiven gebietsfremden Arten (Beispiel Neuseeland). Ein Beispiel dafür, wie unterschiedlich eine eingeführte Pflanze (Neophyt) ein neues Territorium in Besitz nehmen kann.

Geschützt

Wo wächst der Makaronesische Gagelbaum? Meist im N-NO der Insel.
Baumheidezone, Monteverde, Thermophiler Buschwald, Schluchten.
Barlovento (La Laguna), Garafía (Barranco de Magdalena PR 9.2),
El Paso (La Hilera).

Kanaren-Gliedkraut – „chajorra de monte, siderite"

Sideritis canariensis (end. kan. / H, LP, T)

Die Blätter des aufrecht wachsenden Kanaren-Gliedkrauts sind filzig grünlich-gelb. Die Blätter des kräftigen Strauches sind auf der Oberseite oliv-gelbgrün, auf der Unterseite gelbgrün filzig.
Ihre kleinen Blüten sitzen in Quirlen „aufgestockt" in mehreren Etagen an den langen Blütenständen.

Familie: Lippenblütler
Wuchsform: Strauch / bis 2 m
Standort: Randgebiet Monteverde, wolkenreiche Zonen / 500-1200 m
Blüte: weißlich / April-Juni
Früchte: winzige Samen, dunkelbraun bis schwarz / Sommer

→ Volksheilkunde: antiseptisch, antibiotisch, fördert die Wundheilung, adstringierend.

Geschützt

Wo wächst das Kanaren-Gliedkraut? Lorbeerwald, Baumheidebuschwald (Monteverde).
Breña Alta (Erholungsgebiet Pared Vieja), Mazo (Nähe Niquiomo),
El Paso (La Cumbrecita).

Kanaren-Glockenblume – „bicácaro"

Canarina canariensis (end. kan. / H, LP, G, T, GC)

Normalerweise bestäuben Insekten und ab und zu Eidechsen die hübschen Blüten. Doch auch eine Unterart des Zilpzalps sowie eine Brillengrasmücke übernehmen diese Arbeit. Ein Nektartropfen ist ihr Lohn.

Sie liebt es feucht und schattig. Ihre bis 3 m langen Ranktriebe können kriechen oder klettern. Im Winter öffnen sich die 6-zipfligen, orangeroten Blütenglocken. Sie werden bis 6 cm lang und haben innen gut sichtbare dunkle Adern.

Nach der Blüte zieht sich die Pflanze zur Ruhepause zurück. Die dunkelgrünen Blätter und Stängel vertrocknen. Im Herbst treibt die Knolle der mehrjährigen Glockenblume neu aus.

Die reifen Früchte schmecken süßlich und wurden schon von den kanarischen Ureinwohnern verzehrt. Sie erreichen einen Durchmesser bis 4 cm.

Familie: Glockenblumengewächse
Standort: schattig und feucht / 300-1000 m
Blüte: orange- bis dunkelrot/Dez.-April
Früchte: bei Reife orangerot / Frühsommer

→ Winterschönheit im Lorbeerwald. Sie ist die Nationalblume der Kanaren. In Gärten mit entsprechendem Klima als Gartenpflanze geeignet. Volksmedizin: schmerzstillend.

Geschützt

Wo wächst die Kanarische Glockenblume? Lorbeer- und Heidebuschwald (Monteverde).
Im Lorbeerwald Los Tilos (direkt am Besucherzentrum), Breña Alta (Camino de las Fuentes).

Zweiblättriger Grünständel – „orquídea de dos hojas"

Gennaria diphylla (nicht endemisch / alle Inseln außer F)

Diese kleine Orchidee ist unscheinbar und fällt manchmal doch durch ihre Gruppenbildung auf. Sie ist schlank und zierlich. Von ihren beiden Blättern ist das untere größer und herzförmig. Das, macht den Zweiblättrigen Grünständel unverkennbar und gibt ihm seinen Namen.

Ihre ährenartigen Blütenstände haben bis zu 50 kleine Blüten. Sie scheinen alle in die gleiche Richtung zu schauen – als gäbe es dort etwas sehr Interessantes zu sehen…

Nach der Blüte verwelkt die Pflanze und ruht während der Sommermonate in ihrer Knolle.

Familie: Orchideen
Wuchsform: krautige Pflanze / bis 50 cm
Standort: feuchte Standorte, Waldränder / bis 1300 m
Blüte: ca. Jan.-April / gelbgrün
Früchte: Frühsommer / die Früchte stehen aufrecht und enthalten winzige Samen.

→ Außer auf den Kanaren wächst die Orchidee z. B. im Mittelmeerraum, auf Madeira und in Portugal.

Geschützt

Wo wächst der Zweiblättrige Grünständel?
Thermophiler Wald, Baumheidebuschwald, Lorbeer- und Kiefernwälder.
Mazo (Waldrand von Altos de Mazo), Breña Baja (oberhalb vom Friedhof Montaña Las Breñas), Thermopiler Buschwald Schutzgebiet Finca Amada.

Kanaren-Hahnenfuß – „morgallana, botón de oro"

Ranunculus cortusifolius (end. mak. / alle Inseln, Madeira, Azoren)

Goldknopf (botón de oro) wird er von manchen wegen seiner Blütenfarbe genannt. Die untersten Blätter sind 15-30 cm breit. Ihr Grün ist oberseits kräftig, unterseits heller.
Ich habe diesen Hahnenfuß noch nicht oft gesehen. Vielleicht kennt ja jemand noch einige Standorte?

Familie: Hahnenfußgewächse
Wuchsform: ausdauernde Staude / bis 100 cm
Standort: am liebsten feuchte Waldgebiete / 200-1500 m
Blüte: goldgelb / Jan.-April
Früchte: kleine schwarze Nüsschen/ Frühling

→ Volksheilkunde: wichtige Medizinpflanze.

Wo wächst der Kanaren-Hahnenfuß? Lorbeerwald, Kiefernwald, felsige Gebiete, Schluchten.
Fuencaliente (Kiefernwald GR130-Montes de Luna). Breña Alta (Freizeitzone Pared Vieja).

Kanaren-Holunder – „sáuco canario"

Sambucus nigra ssp. palmensis (end. kan. / LP, G, T, GC)

Dieser Holunder ist sehr selten. Er kommt nur auf 4 der Kanarischen Inseln an natürlichen Standorten vor und vermehrt sich nur sehr schwer in der Natur. Zur Arterhaltung erfolgte u. a. eine Wiederansiedlung im Lorbeerwald von Los Tilos.
Seine gefiederten Blätter sind blassgrün, am Rand gesägt und werden bis 25 cm lang. Die Zweige und Blütenstände sind behaart.
Letztere setzen sich aus vielen duftenden, kleinen Blüten zusammen. Eine Dolde kann einen Durchmesser von 20 cm erreichen.

Familie: Moschuskrautgewächse
Wuchsform: Strauch oder Baum / bis 6 m
Standort: feuchte Gebiete im Monteverde / 600-1000 m
Blüte: weiß / April-Juli
Früchte: runde Steinfrüchte, bei Reife schwarz / ab Juli

→ ✋ Rohe Früchte leicht giftig. Sie können Übelkeit und Erbrechen oder Durchfall auslösen! Volksheilkunde: Mundhygiene, bei Rachenentzündungen, Abführmittel. Tee aus Blüten bei Fieber, Katharren, Bronchitis, Asthma.

Geschützt, vom Aussterben bedroht

Wo wächst der Kanaren-Holunder? Baumheidebuschwald, Monteverde. Im Norden und Nordosten der Insel, möglichst an Wasserläufen. Garafía (am Kulturpark La Zarza y la Zarcita) San Andrés y Sauces (Los Tilos).

Drüsiges Johanniskraut – „malfurada de monte"
Hypericum glandulosum (end. mak. / LP, G, T, GC, F + Madeira)

Das Drüsige Johanniskraut ist an den schwarzen Drüsen an Blatt- und Kelchblättern zu erkennen.

Der Strauch verzweigt sich schon von unten. Junge Pflanzen haben noch keine Drüsen, dafür sind sie an Zweigen und Blättern behaart, erwachsene Pflanzen sind kahl. Die Blätter haben einen kurzen Stiel und steigen spiralförmig auf. Ihre Ränder sind leicht gewellt und mit kleinen schwarzen Punkten (Drüsen) besetzt. Die Blüte hat 5 Kelchblätter mit gut erkennbaren schwarzen Drüsen am Rand und 5 gelbe Kronblätter, die auf der Rückseite Rottöne enthalten. Die bei Reife rotbraunen Kapseln enthalten die Samen. (Weitere Infos wie S. 119.)

Familie: Johanniskrautgewächse
Wuchsform: Strauch / bis 1,5 m
Standort: schattig, Felsstandorte, Schluchten / 250-1200 m
Blüte: gelb, am Rand schwarze Drüsen / März-Juli
Früchte: viele kleine hellbraune Samen / ab Sommer

Wo wächst das Drüsige Johanniskraut? Lorbeerwald, Baumheidebuschwald, Barrancos. Ungefähr vom nördlichen Teil Santa Cruz bis Puntagorda. Santa Cruz (Barranco El Río), San Andrés y Sauces (Los Tilos), Garafía (Barranco Don Pedro).

Großblättriges Johanniskraut – „malfurada, malfurada grande"

Hypericum grandifolium (end. mak. / alle Inseln + Madeira)

Die großen Blätter geben diesem Johanniskraut seinen Namen. Ihre kleinen Einbuchtungen scheinen den Stiel zu umschließen.

Die Zweige des verzweigt wachsenden Strauches sind bräunlich. Junge Triebe fallen durch ihre rote Färbung auf. Die Blüten erreichen einen Durchmesser von 5 cm. Das Großblättrige Johanniskraut besitzt keine Drüsen. Wenn genügend Feuchtigkeit vorhanden ist, ist der Strauch immergrün. Die rötlichbraunen Fruchtkapseln verhärten mit der Zeit. Bei Reife öffnen sie sich und schleudern die Samen hinaus.

Familie: Johanniskrautgewächse
Wuchsform: Strauch / bis 2 m
Standort: schattig, Felsstandort / 400-2400 m
Blüte: gelb / März-Aug.
Früchte: kleine braune Samen / ab Spätsommer

→ Das Großblättrige J. wurde ähnlich wie das Echte Johanniskraut (Hypericum perforatum) bei Depressionen, innerer Unruhe, bei Schmerzen und zur Wundheilung verwendet. Vorsicht: Erhöht u. a. die Hautempfindlichkeit bei Sonnenlicht (z. B. Lupuspatienten).

Wo wächst das Großblättrige Johanniskraut? Obere Küstenregion bis Lorbeerwald. Häufig vorkommend. San Andrés y Sauces (Los Tilos), Breña Alta (Erholungsgebiet Pared Vieja), Wegränder in Wäldern bei El Paso, Tijarafe, Puntagorda.

Judasohr – „oreja de Judas"
Auricularia auricularia-judae (nicht end. / G, LP, T, GC + fast ganz Europa)

Juan M. Castro

Dieser auf La Palma seltene Pilz erscheint erst muschelförmig und erinnert später mit seinen Falten an ein Ohr.
Seinen Fuß sieht man fast nie. Das Fleisch ist je nach Feuchtigkeit zäh, elastisch-geleeartig oder sehr hart.
Das Judasohr kann bei Trockenheit einschrumpfen, um nach einem Regenschauer wieder aufzuquellen und weiterzuwachsen.

→ Speisepilz

Familie: Ohrlappenpilzverwandte
Wuchsform: Pilz / bis 13 cm Durchmesser
Standort: feucht / fast ganzjährig
Farbe: variabel. Von bräunlich-gelb, dunkelbraun bis olivfarben.

Wo wächst das Judasohr? Lorbeerwald. Siedelt auf Stinklorbeer.
Puntallana (Cubo de La Galga).

Kanaren-Kantensame – „Sanjuanero, faro"
Gonospermum canariense (end. kan., H, LP, GC)

Die mehrjährigen, kräftigen Sträucher verzweigen und verholzen mit der Zeit. Ihre Blätter sind gefiedert und duften aromatisch. Sie sitzen am Ende der Stängel, sind beim Austrieb grünlich-weiß, später oberseits grün, unterseits silbergrau und können über 15 cm lang werden.
Um die Johannisnacht (noche de San Juan) erreicht der Sanjuanero seinen Blühhöhepunkt. Sein weiterer spanischer Name *faro* bedeutet Leuchtturm – und seine goldgelben Blüten leuchten wirklich. Dicht an dicht sitzen die im Durchmesser 3 mm großen Köpfchen und formen unübersehbare Blütenkörbchen.
Der Kanaren-Kantensame erinnert mich immer an den Rainfarn (Tanacetum vulgare).

Familie: Korbblütler
Wuchsform: mehrjähriger Strauch / bis 2,5 m
Standort: felsig, frisch, sonnig / 500-1600 m
Blüte: gelb / Mai-Juli
Früchte: sehr kleine Samen / Sommer

→ Volksheilkunde: Wurmmittel, adstringierend, bei Erkältungen und Durchfall. ✋Vorsicht: wurde auch als Abtreibungsmittel benutzt. Blüten werden bei den Teppichen und Bögen vom Corpus Christi (Fronleichnam) in Mazo verwendet. Als Gartenpflanze geeignet, Blüten halten lange.

Geschützt

Wo wächst der Kanaren-Kantensame? Monteverde- und Kiefernwald. Mazo (PR LP16.1 Richtung Niquiomo), Barovento-Gallegos (LP1), Puntagorda (Kiefernwald), El Paso (La Cumbrecita), Garafía (Hoya Grande).

Wurzelnder Kettenfarn – „píjara"
Woodwardia radicans (nicht end. / LP, G, T, GC)

Er ist der Riesenfarn der Lorbeerwälder. Die majestätischen Wedel sind nicht zu übersehen.

Die länglichen, braunen Sporenbehälter sind auf der Rückseite des Wedels in 2 Reihen parallel zum Mittelnerv der Fiederblättchen angeordnet.

Manchmal sind an der Unterseite der Wedelspitze Brutknospen zu sehen. Aus ihnen können sich direkt oder bei Bodenberührung neue Pflanzen bilden. Daher der wissenschaftiche Namensteil *radicans* = Verwurzelung. Der Wurzelnde Kettenfarn wächst auch auf Madeira, den Azoren, in Südeuropa und Nordafrika.

Familie: Rippenfarngewächse
Wuchsform: Farn / Wedel bis 2,5 m
Standort: hohe Luft- und Bodenfeuchtigkeit, Felsen, Nähe von Quellen / 100-1100 m
Sporen: gelb, reif Apr.-Aug.

→ Kann verwechselt werden mit Unvollständiger Saumfarn (Pteris incompleta). Der ist extrem selten auf La Palma und unterscheidet sich durch nicht so lange Wedel und an den Sporenbehältern, die nicht in der 2-reihigen Linienform verlaufen.

Speziell geschützt

Wo wächst der Wurzelnde Kettenfarn? Lorbeerwald.
San Andrés y Sauces (Los Tilos, Nähe Besucherzentrum), Puntallana (Cubo de La Galga).

Drüsiger Kreuzdorn – „sanguino“

Rhamnus glandulosa (end. mak. / LP, G, T, GC + Madeira)

Der dornenlose Drüsige Kreuzdorn ist selten, kann dann aber kleine Gruppen bilden.

Sein graubrauner Stamm hat eine leicht rötliche Tönung und helle Längsrisse, die mit dem Alter größer werden. Manchmal tritt daraus Saft hervor, der sich bei Kontakt mit der Luft rot färbt (*sanguino* = blutfarben).

Seine ledrigen Blätter sind klein, breit-eiförmig, spitz und an den Rändern leicht gesägt. Auf der Unterseite entlang der Blattnerven sitzen kleine, hervorstehende Drüsen.

Die gruppenbildenden, winzigen Blüten mit einem Durchmesser von 3-4 mm haben fünf Blütenblätter in Sternform. Die kugeligen Früchte färben von rot auf schwarz und enthalten 3 Kammern mit je einem Samen.

Familie: Kreuzdorngewächse
Wuchsform: Baum / bis 10 m
Standort: Feucht und sonnig / 250-900 m
Blüte: Grünlich-gelblich / ca. Dez.-Apr.
Früchte: Bei Reife schwarz / Juni-Aug.

→ Manchmal trägt der Baum Blüten und Früchte zur gleichen Zeit. Auch als Gartenpflanze geeignet. Volksheilkunde: Die Abkochung der Früchte hat eine adstringierende Wirkung. Früchte: Nahrung der Lorbeertauben. Blätter: Futterpflanze für die Raupen des La Palma-Zitronenfalters.

Geschützt

Wo wächst der Drüsige Kreuzdorn? Lorbeer-, Baumheidebuschwald.
San Andrés y Sauces (Los Tilos).

Kanaren-Lorbeer – „laurel, loro"

Laurus novocanariensis (end. kan. / alle Inseln außer L)

Von den Bäumen des kanarischen Lorbeerwaldes ist er der überwiegende Vertreter dieser Arten. Auch der spanische Name für Lorbeerwald = *laurisilva* geht auf ihn zurück.

Die Rinde seines Stammes ist mit kleinen Pickeln (Lentizellen) fast gleichmäßig übersät. Mit zunehmendem Alter des Baumes werden diese Ausstülpungen immer mehr. Die Grundfarbe der Rinde ist grau bis rötlich-violett. Sie ist oft mit Flechten bewachsen, die als helle Flecken auffallen. Wächst der Kanaren-Lorbeer am geeigneten Standort, sind seine Blätter oberseits dunkelgrün und glänzend und bilden eine dichte, immergrüne Krone. Typisch für die Blätter sind kleine Drüsen, die an der Verbindung des Hauptnervs mit den Nebennerven sitzen, und der leichte Lorbeerduft. Die Blattgröße variiert zwischen 5-12 cm lang, weibliche Bäume haben kleinere Blätter. *Laurel* werden die weiblichen Bäume genannt. Sie tragen die Früchte. Die Palmeros sagen, ihre Blätter seien aromatischer, und verschmähen den

weibliche Blüten

loro. *Loro* werden die männlichen Bäume genannt. Sie haben viel dichtere Blüten und mehr Staubblätter.
Im Lauf der Jahre umgeben viele Wurzelschösslinge den Baum und nehmen nach seinem Tod dessen Platz ein.

Familie: Lorbeergewächse
Wuchsform: Baum / bis 25 m
Standort: feucht / 700-1000 m
Blüte: gelblichweiß bis gelblich /Dez.-Mai
Früchte: olivenförmig, bei Reife schwarz, enthalten 1 Samen / je nach Standort Herbst-Mai

→ Sein Holz wurde für den Bau von Kisten und Möbeln verwendet. Die Früchte sind wichtiges Futter der Lorbeertauben. Auf La Palma wurde lt. Viera y Clavijo das Öl der Früchte als Lampenöl benutzt. Der Kanaren-Lorbeer wird häufig vom Lorbeerbaumpilz (*Laurobasidium laurii*) befallen. Die Palmeros nennen diesen „madre del loro" = Mutter des Lorbeers. Verwendung in der Küche: Er ist nicht ganz so stark würzig wie der Echte Lorbeer des Mittelmeerraums. Statt 1 nimmt man halt 3 leicht eingerissene Blätter zum Würzen von Geschmortem, Eintöpfen usw., aber nicht mitessen.
Volksheilkunde: u. a. als Tee appetitanregend, Menstruation regulierend, schmerzlindernd bei Rheuma, gegen Blähungen, Öl aus den Früchten bei Husten. Neben Lorbeerblättern kann man auch Lorbeeröl in vielen Drogerien und Apotheken kaufen. Dieses stammt allerdings meist vom Echten Lorbeer (*Laurus nobilis*). Man gewinnt es aus den Lorbeerfrüchten. Verdünnt kann es z. B. bei Kopfschmerzen oder Migräne helfen. Es unterstützt außerdem die Blutzirkulation und soll auch bei Erkältungskrankheiten Abhilfe schaffen.
Die großen Lorbeerbäume in den Städten sind keine Lorbeerwaldbewohner, sondern Indischer Lorbeer, Zierbäume, deren Heimat sich in den Tropen Asiens befindet.

Geschützt

Wo wächst der Kanaren-Lorbeer? Lorbeerwald. Mit genug Feuchtigkeit auch Baumheidezone, Thermophiler Buschwald.
San Andrés y Sauces (Los Tilos), Puntallana (Cubo de La Galga), Barlovento (Monte del Pueblo), Breña Alta (höher gelegene Mischwälder).

Stinklorbeer – „til"

Ocotea foetens (end. mak. / H, LP, G, T, GC + Madeira)

Er gibt dem Lorbeerwald Los Tilos seinen Namen. Der Hinweis aufs Stinken kommt von dem üblen Geruch, den sein frisch verletztes Holz verströmt. Er verschwindet erst, wenn das Holz völlig ausgetrocknet ist.

Die raue Rinde des geraden, dunklen Stammes des Stinklorbeers ist mit kleinen und größeren Warzen übersät, die auf Spanisch „Elefantenauge" genannt werden.

Mit seiner dichten Krone trägt der Baum zum Wasserhaushalt bei, denn seine glänzenden, dunkelgrünen Blätter kondensieren den Nebel der Passatwinde. Davon profitieren auch die zahlreichen Ableger, die ihn umgeben.

Seine Blätter haben ausgeprägte Drüsen. Bei jungen Blättern sind sie auf dem gesamten Blatt verteilt und später durch ihre Auswölbung gut erkennbar.

Die kleinen Blüten duften angenehm. Die fleischigen, olivenähnlichen Früchte sitzen wie Eicheln in einem Fruchtbecher. Sie färben sich mit der Reife von grün über violett auf fast schwarz und fallen dann heraus.

Familie: Lorbeergewächse
Wuchsform: Baum / bis 30 m
Standort: feucht, tiefgründig und nährstoffreich / 400-1000 m
Blüte: weißlich, grünlich oder gelblich /Juni-Sept.
Früchte: in Fruchtbechern, olivenförmig, bei Reife blauschwarz, enthalten 1 Samen / Herbst

→ Sein Holz wurde für den Bau von Kisten und Möbeln verwendet. Die Früchte sind wichtiges Futter der Lorbeertauben. Der Stinklorbeer wird häufig vom Pilz Judasohr (*Auricularia auricula-judae*) besiedelt.

Geschützt

Wo wächst der Stinklorbeer? Lorbeerwald.
Andrés y Sauces (Los Tilos), Puntallana (Cubo de La Galga).

Lorbeerbaumpilz – „madre del loro"

Laurobasidium lauri (end. mak. / (H, LP, G, T, GC, F)

Die Rinde älterer Exemplare des Kanaren-Lorbeers, die an feuchten Standorten wachsen, sind manchmal von dem parasitierenden Lorbeerbaumpilz *Laurobasidium* befallen.
Er ist sehr selten und erinnert an Korallen oder Hirschgeweihe. Wenn er vertrocknet, wird er immer dunkler und hängt herab.

Familie: Nacktbasidieverwandte
Wuchsform: Pilz, korallenähnlich / rd. 30 cm Gesamtausdehnung (persönlich gesehen)
Standort: feucht / ganzjährig
Farbe: Im jungen Stadium gelblich-bräunlich. Beim Vertrocknen färbt er sich schwarz.

→ Der Pilz ist ungenießbar.

Wo wächst der Lorbeerbaumpilz? Lorbeerwald.
Garafía (Barranco Magdalena), Puntallana (Cubo de La Galga), Mazo (Mischwald oberhalb des Ortes).

Santos' Meerkohl – „colderrisco gigante"

Crambe santosii (end. kan. / LP, G)

Die Blätter dieses Meerkohls sind eiförmig und rau. Sie sind dunkelgrün und unterseits mit hellen Haaren auf den Nerven. Sie werden bis 40 cm lang. Die kleinen Blüten wachsen in langen, verzweigten Blütenständen. Er wächst nur auf La Palma und La Gomera und wird bis 4 m hoch! In den Lorbeerwäldern der Insel wächst auch der nur bis 1,50 hohe Schmächtige Meerkohl.

Familie: Kreuzblütler
Wuchsform: verholzter Strauch / bis 4 m
Standort: Lorbeerwald, 500-700 m
Blüte: weiß / April-Mai
Früchte: winzige Samen / Frühling

→ Sein Name ist dem palmerischen Botaniker Arnoldo Santos gewidmet. Wichtige Futterpflanze für den Kanaren-Weißling.

Geschützt

Wo wachsen der Schmächtige und Santos' Meerkohl? Lorbeerwald, Barrancos im N und NO.
San Andrés y Sauces (Los Tilos), Puntallana (Cubo de La Galga), Barlovento (Monte del Pueblo).

Gezähnter Moosfarn – „treintanudos"

Selaginella denticulata (nicht end. / H, LP, G, T, GC)

Der Moosfarn hat sehr kleine geschuppte Blätter. Sie sind gezähnt, mit einer Spitze an den Blattenden. Bei zu wenig Feuchtigkeit färben sie sich rot. Seine schlanken Triebe sind verzweigt, biegsam und verwurzeln sich leicht bei Bodenkontakt. Er bildet kleine, dichte Teppiche.
Er wächst häufig gemeinsam mit dem Talerfarn (Adiantum reniforme).

Familie: Moosfarngewächse
Wuchsform: kriechend / bis 20 cm lang
Standort: feucht, schattig, Felsspalten u. -wände / 400-1000 m
Sporenreife: Dez.-Juni

→ Volksheilkunde: Gegen Darmwürmer. Einer seiner wenigen Verwandten ist ein beliebtes Geschenk zum Jahreswechsel. Das Silvestermoos soll Glück bringen und dass der Beschenkte immer „weich fallen" möge.

Wo wächst der Gezähnte Moosfarn? Thermophiler Wald, Lorbeer-, Heidebuschwald (Monteverde).
Lorbeerwälder San Andrés y Sauces (Los Tilos) und Puntallana (Cubo de La Galga), Barrancos von Barlovento.

Riesen-Natternkopf – „pininana"
Echium pininana (end. La Palma)

Er ist der größte und seltenste Natternkopf der Kanarischen Inseln. Früher war er so häufig, dass er sogar als Viehfutter verwendet wurde.
Zuerst bildet sich eine dichte Blattrosette, aus der sich im nächsten Jahr ihr riesiger, unverzweigter Blütenstand hervorschiebt. Im Gegensatz zu anderen Natternköpfen hat dieser einen langen Stamm, der über 2 m hoch werden kann. Die Blattrosette wächst mit ihm nach oben, es bilden sich mehr Blätter. Sie sitzen direkt am Stamm. Die längsten können bis 45 cm erreichen, nach oben werden sie kürzer. Die Blätter sind ober- und unterseits borstig behaart.

Der Blütenstand nimmt mehr als die Hälfte der Gesamthöhe der Pflanze ein. Die vielen Blüten sitzen zwischen den Blättern und sind behaart. Sie sind normalerweise lavendelfarben, selten weiß mit blauen Adern.
Nach der Blüte stirbt die Pflanze.

Familie: Borretschgewächse (Raublattgewächse)
Wuchsform: unverzweigter Strauch / bis 5,5 m
Standort: Lorbeerwald, an lichten Stellen / 600-1400 m
Blüte: blau /zartviolett/ Mai-Juni
Früchte: dunkle Samen / Sommer

→ Auf La Palma selbst gibt nur sehr wenige Stellen, an denen er noch natürlich vorkommt. Insektenweide. In England ist der Pininana-Natternkopf eine berühmte Gartenpflanze.

Gefährdet und geschützt

Wo wächst der Pininana-Natternkopf? Lorbeerwald (auch degradierte Lorbeerwaldgebiete im Nordosten der Insel).
Barlovento (Monte del Pueblo, angepflanzt Parque La Laguna), Puntallana (höhere Lagen Cubo de La Galga), San Andrés y Sauces (höhere Lagen im Wald von Los Sauces).

Natternkopf – Pininana. Erstbegegnung Jahr 2002.

Spanischer Oregano, Grünender Dost – „orégano, orégano verde"

Origanum vulgare ssp. virens (nicht end. / H, LP, G, T)

Die beliebte Gewürzpflanze der Mittelmeerküche fühlt sich an Waldrändern und auf Lichtungen der Insel sehr wohl.

Im Frühjahr beginnen die dünnen Zweige des Oregano aufrecht zu treiben. Ihre Stängel sind leicht behaart. Die bis 4 cm langen Blätter sitzen an einem kurzen Stiel. Oberseits ist das Grün dunkler und sie sind vereinzelt behaart. Unterseits, speziell an den Blattnerven sind sie stärker behaart. Die kleinen Blüten ballen sich an den Zweigenden zusammen. Die ganze Pflanze duftet aromatisch.

Familie: Lippenblütler
Wuchsform: Mehrjährige Staude / bis 1 m
Standort: Wald- und Gebüschränder / 100-1500 m
Blüte: weiß, cremefarben / Mai-Aug.
Früchte: Samen kugelig, gepunktet, dunkelbraun / Sommer

→ Volksheilkunde: Vielseitig eingesetzt, da u. a. appetitanregend, verdauungsfördernd, antiseptisch, krampflösend, auswurffördernd, antimikrobiell. Auch in der Küche wird er viel verwendet: z. B. Salate (vor allem mit Tomaten), Oliven oder beim Ziegenkäse einlegen, Pizza, Fleisch, Fisch, Eintöpfe. Wichtige Bienenweide. Oregano-Honige von La Palma haben mehrere Preise gewonnen.

Wo wächst der Spanische Oregano? Monteverde. Mazo (Waldgebiet oberhalb des Ortes, Barlovento (Monte del Pueblo).

Indische Persea – „viñátigo"
Persea indica (end. mak. / (H,LP,G,T,GC)

Der typische Lorbeerwaldbewohner ist einer der wenigen Bäume auf La Palma, die durch ihre Blattfärbung auffallen können. Obwohl immergrün, leuchten seine alten Blätter in Rot- und Orangetönen, segeln zu Boden und bilden einen bunten Teppich. Sie können bis 20 cm lang und 5 cm breit werden.
Die Indische Persea bildet kleine Blüten mit 6 Blütenblättern. Manchmal sind Blütenansätze, reife und unreife Früchte am selben Baum zu sehen. Die fleischigen olivenförmigen Früchte färben von Grün auf Schwarzblau
Oft ist er von Stockausschlägen umgeben, die den Platz des alten Baumes einnehmen, wenn dieser stirbt.

Familie: Lorbeergewächse
Wuchsform: Baum / bis 30 m
Standort: feucht und schattig / 150-600 m
Blüte: weiß bis gelblich-grün / März-Sept.
Früchte: olivenförmig, bei Reife schwarz mit 1 dunkelbraunen Samen / März-Sept.

→☝ Giftig, auch für Vieh. Wurde dennoch in der Volksheilkunde verwendet. Die Früchte allerdings sind begehrtes Futter von Lorbeertauben, Ratten und Mäusen. An den jungen Blatttrieben knabbern nur die Ratten gern. Sie berauschen sich an den darin enthaltenen Alkaloiden. Das ist an den herabhängenden und vertrocknenden Blättern zu erkennen.
Der wissenschaftliche Name *Persea indica* entstand durch eine geografische Verwechslung. Entfernter Verwandter des Avocadobaumes. Wurde als „Kanarisches Mahagoni" in Möbeltischlerei und Schiffsbau verwendet.

Geschützt

Wo wächst die Indische Persea? Lorbeer-, Baumheidebuschwald (Monteverde). San Andrés y Sauces (Los Tilos), Puntallana (Cubo de La Galga), Breña Alta (Naherholungsgebiet Pared Vieja), Barlovento (an dem kleinen Weg vom Ortsausgang zum Hotel La Palma Romántica).

Edle Phyllis – „capitana, cachimbera"

Phyllis nobla (end. mak. / H, LP, G, T, GC + Madeira)

Sie steht häufig an Wegrändern und das auch gerne in Gruppen. Ihre dichte Wuchsform mit den hellgrünen Blättern an den oft leicht hängenden Zweigen ist fast auffälliger als ihre Blüten.
Auch die Blüten hängen nach unten. Sie sind sehr klein und farblich nicht auffällig. Die Pflanze ist immergrün und ihre Blätter duften angenehm.

Familie: Rötegewächse
Wuchsform: Halbstrauch / bis 1 m
Standort: Lichtungen im Lorbeerwald, Wegränder / 600-1200 m
Blüte: blassgrün, weiß / März-Aug.
Früchte: länglich, dunkelbraun / Spätsommer

Wo wächst die Edle Phyllis? Lorbeerwald, Monteverde. Barlovento (Monte del Pueblo), Mazo (Wegrand zum Mirador Astronómico Las Toscas), El Paso (Caldera de Taburiente).

Hohe Picconie – palo blanco"

Picconia excelsa mak. (end. mak. / alle Inseln außer L + Madeira)

Am geeigneten Standort entwickelt sie sich zu einem stattlichen Baum. Die glänzend grünen, ledrigen Blätter ohne Warzen oder Gallen formen dann eine rundliche Krone. An trockeneren Plätzen sind die Blätter heller. Dort gleicht die Picconie eher einem Strauch und bleibt wesentlich niedriger.
Ihre hellgraue Rinde ist mit großen, leicht hervortretenden und weit voneinander entfernten, weißen Korkwarzen (Lentizellen) gesprenkelt. Das gibt dem Baum den spanischen Namen palo blanco, weißer Stock. Im Frühjahr erscheinen die kleinen Blüten. Die Früchte haben kaum Fleisch, dafür beherbergen sie einen großen Samen.

Familie: Ölbaumgewächse
Wuchsform: Baum / über 12 m
Standort: feucht, sonnig / 500-1100 m
Blüte: weiß / Jan.-Juni
Früchte: olivenförmig, bei Reife blau-schwarz / Frühjahr-Sommer

→ Sein rosa getöntes Holz ist sehr hart. Es wurde in der Tischlerei und für landwirtschaftliche Geräte und Wagenachsen verwendet.

Geschützt

Wo wächst die Hohe Picconie?
Unterer Lorbeerwald, Baumheidebuschwald.
San Andrés y Sauces (Los Tilos), Puntallana (Cubo de La Galga), Breña Alta (höhere Lagen wie Pared Vieja).

Kanaren-Schneeball – „follao, follao canario"

Viburnum rigidum, auch V. rugosum (end. kan. / H, LP, G, T, GC)

Wenn der Kanaren-Schneeball einzeln steht, kann man seinen kugeligen oderhalbkreisförmigen Wuchs besonders gut erkennen.

Er ist immergrün, seine großen, ledrigen Blätter sind auf beiden Seiten behaart und fühlen sich rau an. Sie können bis 20 cm lang und 15 cm breit werden. Ihre Färbung reicht von dunkelgrün, gelblich bis hellgrün. Junge Blätter haben eine braun-rötliche Tönung. Junge Zweige und Blattstiele sind mit feinen Haaren bedeckt.

Zur Blütezeit strahlen seine bis 15 cm großen Blütendolden aus dem Grün. Sie setzen sich aus vielen kleinen Einzelblüten zusammen.

Die fleischigen Früchte des Kanaren-Schneeball färben sich von rot auf ein leuchtendes, dunkles blau-violett. Sie werden gern von den Amseln gefressen, die damit zur Vermehrung des Strauches beitragen.

Familie: Moschuskrautgewächse
Wuchsform: Baumartiger Strauch / bis 7 m
Standort: feuchte, schattige Gebiete, Barrancos / 400-1300 m
Blüte: weiß / Febr.-Mai
Früchte: runde Steinfrüchte mit je 1 Samen, bei Reife fast blau-violett/ Sommer

→ Volksheilkunde: abführende, fiebersenkende und antirheumatische Wirkung. Zweige, Rinde und Holz fanden große Verwendung bei der Herstellung von Körben, Werkzeugen, Schaufeln und anderen Utensilien.

Geschützt

Wo wächst der Kanaren-Schneeball?
Lorbeerwald, Monteverde.
El Paso (Caldera de Taburiente, Hänge des Bejenado), Breña Baja (LP-301 zur Cumbre), Barlovento (GR-130 Topaciegas-La Palmita).

Zwittrige Semele, Kletter-Mäusedorn – „gibalbera"

Semele androgyna (end. mak. / H, LP, G, T, GC + Madeira)

Scheinbar sitzen bei dieser Pflanze die Blüten an den Blatträndern. Doch es sind gar keine echten Blätter. Da diese bei der Zwittrigen Semele sehr klein und kurzlebig sind, hat sie ihre Stängel in Scheinblätter umgewandelt. Dadurch kann sie die lebensnotwendige Photosynthese erzeugen. Um besser ans Sonnenlicht zu kommen, wickelt sie sich aufwärts um Äste und Baumstämme.

Junge Scheinblätter sind hellgrün, ältere dunkelgrün. Sie können bis 12 cm lang werden und sind ledrig.

Die Blüten sind klein, sternförmig und bilden immer Gruppen. Wie die Blüten sitzen auch die Früchte am Rand. Sie färben von grün auf leuchtend rot und sind fleischige Beeren.

Familie: Spargelgewächse
Wuchsform: Kletternder Strauch / bis 8 m
Standort: Unterholz Lorbeerwald / 400-1200 m
Blüte: cremegelb / Nov.-Apr.
Früchte: kugelig, bei Reife rot mit einem Samenkern / Frühling

→ Volksheilkunde: harntreibend, bei Magenbeschwerden.

Geschützt

Wo wächst die Zwittrige Semele?
Lorbeerwald, Baumheidezone (Monteverde).
San Andrés y Sauces (Los Tilos), Puntallana (Cubo de La Galga).

Kanaren-Stechpalme – „acebiño"

Ilex canariensis (end. mak. / H, LP, G, T, GC + Madeira)

An der Stammfarbe kann man erkennen, ob es sich um eine junge oder ältere Stechpalme handelt. Bei jungen Exemplaren ist sie heller oder bräunlich, bei älteren meist grauweiß mit hellen Flecken.

Der Baum verzweigt sich stark und seine glänzenden Blätter bilden eine dichte Krone. Die Blätter sind hart, kurz, bis 7 cm lang, bis 4 cm breit, unterseits heller und glatt. Anders als der Name vermuten lässt, haben nur die Blätter jungen Triebe öfter einen dornigen Rand, der aber kaum sticht. Die Blattform ist eiförmig oder eiförmig gestreckt.

Es gibt Bäume mit nur männlichen und Bäume mit nur weiblichen Blüten (zweihäusig). Aus dem glänzenden Blattwerk leuchten die kleinen, weißen Blüten mit ihren 4-5 Blütenblättern hervor.

Später sind es die fleischigen roten Beeren, an denen die Kanaren-Stechpalme sehr gut zu erkennen ist. Sie sind ca. 1 cm groß und

färben sich immer dunkler. Verschiedene Vögel bedienen sich daran und verteilen dann mit der Verdauung auch gleich die Samen weiter.
Die Kanaren-Stechpalme ist manchmal von Ablegern umgeben, die ihren Platz einnehmen, wenn sie stirbt.

Familie: Stechpalmengewächse
Wuchsform: Strauch oder Baum / je nach Standort 5-20 m
Standort: kühl und etwas feucht / 300-1800 m
Blüte: weiß / Hauptblütezeit April-Juli.
Früchte: rund, reif dunkelrot mit je 4-5 Samen / ab Okt.

→ ✋ Die rohen Beeren sind leicht giftig. Volksheilkunde: äußerlich zur Wundheilung. Verwendung in der Landwirtschaft: verschiedene Utensilien wie Werkzeugstiele, Stangen und Stützgabeln für Bäume, Wein, Bananenpflanzen. Stangen für das Stockspiel juego de palo, das schon die palmerischen Ureinwohner praktizierten. Kunsttischlerei. Färbepflanze (Gelb aus Rinde). Gut für Aufforstungsarbeiten geeignet. Auch als Gartenpflanze.

Geschützt

Wo wächst die Kanaren-Stechpalme? Lorbeerwald, Baumheidezone (Monteverde), Barrancos im Norden, Nordosten und Osten der Insel. Barlovento (Monte del Pueblo), Las Breñas (Umgebung Montaña de Las Breñas).

Kanaren-Storchschnabel - „pata de gallo"

Geranium reuteri (end. kan. / H, LP, G, T, GC)

Auf La Palma gibt es mehrere Arten von Storchschnabelgewächsen, doch das endemisch kanarische zeigt, wie positiv sich die Anpassung an die Inseln auswirken kann. Die ausdauernden Waldbewohner können am idealen Standort Blattrosetten von über 30 cm entwickeln. Sie bilden gerne Gruppen an Weg- und Pistenrändern.

Die dunkelgrünen Blätter der mehrjährigen Pflanze sind tief eingeschnitten und werden bei guten Bedingungen bis 8 cm groß. Die violett-grünen Stängel sind stark behaart. Die bis 3 cm großen Blüten des Kanaren-Storchschnabels sind besonders schön. Seine Früchte stehen wie ein langer Schnabel hervor.

Familie: Storchschnabelgewächse
Wuchsform: Staude / bis 1 m
Standort: offene, flache Flächen im Wald, Unterbewuchs / 500-1000 m
Blüte: dunkelrosa-weiß / März-Aug.
Früchte: schnabelartig mit kleinen Samen / Sommer

→ Volksheilkunde: bei Halsentzündungen. Adstringierende Wirkung. Seinen spanischen Namen „Hahnenfuß" (pata de gallo) hat der Storchschnabel wohl der Form seiner Blätter zu verdanken. Auch als Gartenpflanze geeignet.

Geschützt

Wo wächst der Kanaren-Storchschnabel? Lorbeerwald, Baumheidezone. San Andrés y Sauces (Los Tilos), Puntallana (Cubo de La Galga), Breña Alta (Erholungsgebiet Pared Vieja, Barlovento (Monte del Pueblo), Garafía (Barranco Magdalena).

Strauchglaskraut – „estrelladera"

Gesnouinia arborea (end. kan. / H, LP, G, T, GC)

Diese Pflanze ist eine Verwandte der Brennnessel, hat jedoch keine Brennhaare und wird viel größer. Sie wächst nur an bestimmten Standorten und ist nicht häufig.

Ihr Stamm verzweigt sich schon von unten her dicht. Die Zweige sind dünn, brüchig und haben eine hellbraune Rinde. Frische Zweige sind rötlich und mit einer feinen Behaarung bedeckt.

Die Blätter sind zwischen 6 und 15 cm lang und 2 bis 5 cm breit. Je nach Standort variiert ihre Farbe von blassgrün bis zart rötlich. Die Adern sind auf beiden Seiten gut sichtbar, wobei sie auf der Unterseite deutlicher hervortreten. Dort lassen sich die drei sehr ausgeprägten Hauptnerven gut erkennen.

Zur Blütezeit erinnert das Strauchglaskraut ein bisschen an eine Trauerweide. Das Gewicht der bis 25 cm langen Blütenrispen zieht die zarten Zweige nach unten. Die kleinen, dicht sitzenden Blüten fallen auch durch ihre rötlich-rosa bis violette Farbe auf. Auf der gleichen Pflanze gibt es männliche (Pollenspender) und weibliche Blüten (einhäusig, getrenntgeschlechtlich).

Ihre winzigen Fruchtstände haben kleine Haken und erinnern an kleine Spinnen.

Familie: Brennnesselgewächse
Wuchsform: Strauch oder kleiner Baum / bis 4 m (selten über 5 m)
Standort: schattig und feucht /700-1500 m
Blüte: rosa bis rötlich-violett / Dez.-Juli (je nach Standort)
Früchte: winzige dunkle Samen

→ Volksheilkunde: Zusammenziehende Wirkung. Abkochung von Blättern und Blüten wurde bei Halsbeschwerden verwendet, auch zum Gurgeln. Das Strauchglaskraut gilt als Zeigerpflanze für die ursprüngliche Verbreitung der Lorbeerwälder, die dort auftritt, wo diese Wälder fast verschwunden sind.

Geschützt

Wo wächst das Strauchglaskraut? Im N-NO Lorbeerwald, Schluchten, an Mauern.
San Andrés y Sauces (Los Tilos,Marcos y Corderos), Puntallana (Cubo de La Galga).

Talerfarn – „tostonera"

Adiantum reniforme (end. mak. / alle Inseln)

Sein deutscher und sein spanischer Name stammen von alten Münzen: dem Taler und dem tostón. Er wächst gern in Gruppen. und wird meist nur 10-15 cm hoch.

Wegen seiner Wedel, die wie nierenförmige Blätter aussehen, wird er auch Nierenfarn (reniforme) genannt. Sie können einen Durchmesser bis 5 cm erreichen. Die Sporen verbergen sich in der hübschen Randdekoration auf deren Rückseite.

Der Talerfarn mag Licht, aber keine Sonne. Die meisten Pflanzen überstehen Trockenperioden. Wächst häufig gemeinsam mit dem Gezähnten Moosfarn (Selaginella denticulata).

Familie: Saumfarngewächse
Wuchsform: ausdauernd, krautig / bis 30 cm
Standort: feucht, schattig, Felsspalten u. -wände / 400-1000 m
Sporenreife: ganzjährig

→ Volksheilkunde: harntreibend, zur Regulierung der Menstruation, bei Husten. Obwohl sein Aussehen nicht darauf hindeutet, ist er mit dem Frauenhaarfarn verwandt.

Geschützt

Wo wächst der Talerfarn? Thermophiler Wald, Lorbeer-, Heidebuschwald. Lorbeerwälder San Andrés y Sauces (Los Tilos) und Puntallana (Cubo de La Galga), Barrancos von Barlovento.

Waldwesen. Ob Farne, Wurzeln, Baumformen ... In den Wäldern gibt es Uriges zu entdecken. Ein Abenteuer, nicht nur für Kinder.

Kanaren-Weide – „sauce"
Salix canariensis (end. mak. / H, LP, G, T, GC)

Die Weide ist einer der wenigen Bäume in der natürlichen Vegetation der Kanarischen Inseln, der seine Blätter verliert.
Er braucht unbedingt Wasser und steht gerne an Bachläufen. Davon gibt es auf La Palma nicht sehr viele und somit ist sein Vorkommen begrenzt.
Die Kanarische Weide hat einen geraden, kurzen Stamm und ist fast von der Basis an verzweigt. Ihre Rinde ist grau und hat mit zunehmendem Alter größere Risse. Die breite, aber nicht sehr dichte Krone hat oft hängenden Ästen. Ihre länglichen Blätter sind bis 12 cm lang und bis 3 cm breit. Sie sind oberseits hellgrün, unterseits silbrig und filzig behaart. Oft sind sie mit rötlichen oder gelblichen Gallen übersät, die durch bestimmte Insekten verursacht werden.
Zur Blütezeit hängen zarte Kätzchen in bis zu 10 cm langen Rispen herab. In dieser Zeit verliert der Baum normalerweise für kurze Zeit seine Blätter.
Die kleinen Früchte reifen sehr schnell und viele Samen werden, wie beim Löwenzahn, mit Hilfe eines federartigen Anhängsels (Pappus) durch den Wind verbreitet.

Familie: Weidengewächse
Wuchsform: Strauch oder Baum / bis 10 m
Standort: feuchte Flächen in Schluchten, an Bachläufen / 300-1200 m
Blüte: weißlich / meist Winter-Frühjahr
Früchte: winzige Samen / meist Winter-Frühjahr

→ Volksheilkunde: Antirheumatische, adstringierende und krampflösende Eigenschaften. Bei Fieber und Schmerzen. Die Blätter der Weide (Salix canariensis) enthalten Salicin, eine Vorstufe von Aspirin. Die biegsamen Zweige wurden für Flechtarbeiten verwendet. Manchmal fressen die Raupen des endemischen Nachtfalters „Arañuelo" (*Yponomeuta gigas*), die Blätter der Weide vollständig ab. Mit der Verpuppung der Raupen treibt das Laub wieder aus.

Geschützt

Wo wächst die Kanaren-Weide? Lorbeerwald, Schluchten.
San Andrés y Sauces (Los Tilos), Puntallana (Cubo de La Galga), Breña Alta (Sternenaussichtspunkt Las Ventas), El Paso (Caldera de Taburiente, Barranco de las Angustias).

Kanaren-Zitronenstrauch, Balsamstrauch – „garitope, algaritofe"

Cedronella canariensis (end. mak. / H, LP, G, T, GC + Madeira, Azoren)

Diesen ausdauernden Strauch zeichnet der Duft seiner Blätter aus. Man kann ihn schon wahrnehmen, wenn man nur mit den Fingern an seinen Blättern reibt. Die Pflanze verzweigt sich von unten. Die dünnen, langen Zweige sind vierkantig und wachsen ziemlich gerade.

Der Balsamstrauch hat hübsche dreiteilige Blätter. Sie sind lanzettlich mit einem gesägten Rand. Die Färbung der Blätter ist auf der Oberseite intensiv grün, die Unterseite ist weißgrau behaart. Kurz vor der Blüte ist ihr Duft besonders intensiv. Zitronenähnlich mit einem Hauch Kampfer und Eukalyptus vielleicht?

Im Frühjahr erscheinen die vielen Einzelblüten. Sie sitzen zusammen an den Triebspitzen und bilden eine bis zu 15 Zentimeter lange Ähre. Dort entwickeln sich auch die Früchte, deren Samen mehrere Jahre in der Erde ausharren können, um mit genug Licht zu keimen.

Aus den frischen oder getrockneten Blättern kann man einen Tee zubereiten. Die Mischung mit Zitronengras oder grünem Tee mildert das harzig-balsamische Aroma. Auch Potpourris und Duftkissen lassen sich mit seinen Blättern zusammenstellen.

Familie: Lippenblütler
Wuchsform: Strauch / bis 2 m
Standort: halbschattig, feucht, Wegränder / 500-1500 m
Blüte: blassrosa bis fiederfarben mit etwas weiß / Apr.-Juli
Früchte: Nüsse mit je einem Samen/ Sommer

→ Volksheilkunde: Gilt als schmerzstillend, entzündungshemmend, fieber- und blutzuckersenkend, harntreibend, abschwellend sowie antimikrobiell und antimykotisch. Bekannt als Haartonikum: „Mit garitope, Rosmarin und Thymian wächst das Haar knöchellang."

Bienen, Hummeln und verschiedenen Schmetterlinge sind einige Besucher seiner Blüten.

Es soll auch Pflanzen geben, die nach Anis duften. Falls jemand so eine entdeckt, würde ich mich über eine Nachricht mit Standortangabe sehr freuen.

Wo wächst der Kanaren-Zitronenstrauch? Lorbeerwald, Monteverde. Barlovento (Monte del Pueblo), Mazo (Waldgebiet Nähe Niquiomo-La Sabina PR-LP 16.1), Tijarafe (Barranco El Jurado), Garafía (an verschiedenen Wanderwegen im Wald).

Sprossender Zwergginster – „tagasaste"
Chamaecytisus proliferus ssp.proliferus (end. kan. / H, LP, G, T, GC)

La Palma-Zwergginster – „tagasaste"
Chamaecytisus proliferus ssp. palmensis (end. La Palma)

Beide Zwergginsterarten sind wertvolle Futterpflanzen. Sie wachsen an ähnlichen Standorten und unterscheiden sich kaum.

Die Sträucher haben große, immergrüne, glatte Blätter, die sich aus drei Blättern zusammensetzen. Die palmerische Unterart wächst eher in höheren Lagen. Ihre Blätter sind oberseits verkahlt und unterseits seidig behaart.

Beide Tagasasten-Arten haben schmetterlingsförmige Blüten, die in Büscheln wachsen.

Ihre Fruchthülsen sind behaart, färben sich bei Reife bräunlich und enthalten mehrere Samen.

Ein großer Vorteil ist, dass Kühe, Ziegen etc. direkt von den Sträuchern fressen können. Direkt an den Weideflächen gepflanzt, ersparen sich der Schnitt und Transport zu den Tieren.

Familie: Hülsenfrüchtler
Wuchsform: Strauch / je nach Standort 5 m
Standort: bevorzugt sandige und gut durchlässige Böden, wächst aber auch auf anderen Bodenarten. An Berghängen, in Bergregionen / 600-2000 m
Blüte: weiß / Jan.-Juni
Früchte: flache Schoten mit schwarzen Samen / Sommer

→ Interessant ist, dass der palmerische Arzt Victor Pérez „die höhere Eiweißqualität der Milch von La Palma im Vergleich zu der von Teneriffa festgestellt und daraus geschlossen hat, dass dies auf die Aufnahme von Tagasaste durch unsere Ziegen und Kühe zurückzuführen ist" (www.canariasahora, 10.08.2014). Er sandte Ende des 19. Jahrhunderts Samen von palmerischen Pflanzen an die Königlichen Botanischen Gärten Kew in London. Diese wiederum schickten 1879 Samen der Tagasaste zuerst nach Australien, später nach Neuseeland, wo sie sehr erfolgreich kultiviert werden. Inzwischen werden Anbauversuche u. a. in Afrika und den USA durchgeführt.

Geschützt

Wo wächst der Zwergginster? Lorbeer-, Kiefernwald, höhere Lagen. Mazo (Altos de Mazo u. Montes de Luna angepflanzt), El Paso (Caldera de Taburiente, Nähe Ermita de la Virgen del Pino).

Kiefernwald / „pinar"

Von ca. 700-2100 m ü. M. bedeckt die Kanarische Kiefer die höheren Lagen. Sie bildet lichte Wälder und immer wieder fallen uralte majestätische Exemplare auf. Oft dienten solche Riesen als Hinweise und Treffpunkte an Wegkreuzungen.

Wie widerstandsfähig die Kanarische Kiefer ist, zeigt die schnelle Regeneration nach Waldbränden. Nach den ersten Regenfällen zeigen sich an den meisten verkohlten Stämmen rasch frische Triebe.
Je nach Jahreszeit und Lage breiten sich in manchen Waldgebieten gelbe Blütenteppiche aus oder setzen rosa Zistrosen farbige Akzente.

Beinwellblättrige Zistrose, S. 223

Hillebrands Hornklee, S. 210

Kanarische Kiefer, S. 211

Bitte beachten Sie an heißen Tagen die aktuellen Hinweise zur Waldbrandgefahr!

Wald-Bergminze – „poleo de burro, nauta"

Calamintha nepeta ssp. nepeta (nicht end. / alle außer F, L)

Die Blätter duften nach Minze und Zitrone. Beim Kauen eines Blättchens füllt sich der Mund mit dem typischen Geschmack nach Pfefferminz-Kaugummi. Vorsicht, wenn man sie in den Garten pflanzt. Die mehrjährige Bergminze entwickelt sehr wuchsfreudige, unterirdische Ausläufer.

Familie: Lippenblütler
Wuchsform: Halbstrauch / bis 70 cm
Standort: Felsstandorte / 200-1700 m
Blüte: rosaviolett / Febr.-Nov.
Früchte: fast ganzjährig

→ ✋ Nicht für Dauergebrauch geeignet. In der Volksheilkunde bei Erbrechen, Übelkeit, Koliken und Menstruationsbeschwerden. Bienenweide. Manchmal in Gärten.

Wo wächst die Wald-Bergminze? Lorbeer- und Kiefernwälder. Barlovento (Monte del Pueblo).

Schmalkronblättriger Buschginster (b) – „gacia blanca"
Teline stenopetala ssp. sericea (end. La Palma)

Glänzender Buschginster (c) – „herdanera, gacia blanca"
Teline splendens (end. La Palma)

Vom Buschginster gibt es mehrere Unterarten auf der Insel – deshalb nenne ich sie (a) bis (c) – und alle blühen gelb.
Zwei Arten wachsen im Kiefernwald, eine mag auch gern Felsen. Die Blätter dieser beider Buschginster sind auf der Ober- und Unterseite dicht behaart. Aus der Entfernung erscheinen sie deshalb sehr hell (gacia blanca = weiße Gacia).

Familie: Hülsenfrüchtler
Wuchsform: Strauch / bis 5 m
Standort: je nach Sorte Kiefernwald, Barrancos, felsige Standorte / 1000-1850 m
Blüte: gelb / März-Juni
Früchte: braune Hülsen behaart, mit mehreren Samen / Sommer

Bedroht, sehr selten, geschützt

→ Die dritte Art, der Schmalkronblättriger Buschginster (a) (*Teline stenopetala ssp. Stenopetala*) ist die häufigste. Sie wächst in der Lorbeerwaldregion.

Wo wächst der Glänzende Buschginster?
Kiefernwald, auf Felsen.
El Paso (La Cumbrecita), Caldera de Taburiente, San Andrés y Sauces (Marcos y Cordero).

Blättchenreiche Drüsenfrucht – „codeso de monte"

Adenocarpus foliolosus (end. kan. / H, LP, G, T, GC)

Anders als ihre Verwandte, die La Palma-Drüsenfrucht der Hochgebirgszone, besitzt diese Art keine Drüsen und ist nicht klebrig.
Der meist aufrecht wachsende, immergrüne Strauch verzweigt sich stark. Die vielen, nur 1-3 mm langen Blättchen sind dreilappig. Sie sitzen ganz dicht und haben an der Unterseite feine Härchen. Ebenso dicht stehen seine duftenden Blüten.
Die Samenhülsen sind bis 6 cm lang, dünn, manchmal mit vereinzelten kleinen Warzen und färben sich von grün auf dunkelbraun. Die stark ausgeprägten Samen sind auf der Außenseite gut erkennbar.
Früher war die Blättchenreiche Drüsenrucht auf Kämmen und an bergigen Steilhängen zu finden, heute ist sie auch in tieferen Zonen häufig, in denen Brände oder menschliche Eingriffe den Monteverde verdrängt haben.

Familie: Hülsenfrüchtler
Wuchsform: Strauch / 2-4 m hoch
Standort: Weg- und Pistenränder, lichte Waldgebiete / 500-1500 m
Blüte: gelb / Jan.-Juli
Früchte: Hülsen mit gelblichen oder schwarz glänzenden Samen / Sommer

→ Volksmedizin: bei Husten und zur Appetitanregung. Wird auch als Drüsenginster bezeichnet, ist aber nur ein Verwandter des Ginsters. Wurde als Stalleinstreu und junge Triebspitzen als Viehfutter verwendet. Kunsthandwerks- und Flechtarbeiten. Bienenweide. Als Gartenpflanze geeignet, wichtiger Stickstofflieferant.

Wo wächst die La Palma Drüsenfrucht? Kiefern- und Lorbeerwälder.
El Paso-Cumbre Nueva (La Hilera), Mazo (Waldgebiet GR130 Mazo-Tigalate), Puntagorda (Barranco Garome, Barlovento (Monte del Pueblo).

Feuer-Hornklee – „pico de fuego"

Lotus pyranthus (end. La Palma)

Wie der Einsiedler-Hornklee wurde auch der Feuer-Hornklee von Kaninchen, Ziegen, Mähnenspringern und sicher auch von Menschen beinahe ausgerottet. Dazu kommen noch Waldbrände.
Er ist sehr selten und es wurden weltweit nur auf der Insel La Palma an drei unterschiedlichen natürlichen Standorten je ein Exemplar gefunden.
Der immergrüne Halbstrauch entwickelt bis 1 m lange Ranken, die je nach Standort kriechen oder hängen. Die auffälligen Blüten sind einzeln oder zu zweit angeordnet.
Mit Unterstützung der Kanarischen Regierung (Gobierno de Canarias) und arbeitet das Umwelt-amt der Inselverwaltung (Medio Ambiente del Cabildo Insular) von La Palma im Rahmen eines Schutz- und Zuchtprogrammes am Erhalt und der Rekultivierung des Feuer-Hornklees. Die Nachzucht erfolgte teils vor Ort, teils in der Inselgärtnerei (Centro de Recuperación de la Flora Autóctona).
Leider vermehrt sich der „Feuerschnabel" (= pico de fuego) nur sehr schwer auf natürliche Art.

Familie: Hülsenfrüchtler
Wuchsform: Halbstrauch (Bodendecker) 10-50 cm hoch
Standort: feuchte Stellen / ca. 1300-1450 m (Schutzgebiet für Rekultivierung)
Blüte: März-Mai / orangerot oder gelb geflammt
Früchte: Sommer / bei Reife dunkel

Streng geschützt, vom Aussterben bedroht

Wo wächst der Feuer-Hornklee? Kiefernwald.
An dem Wanderweg Marcos y Cordero, in einigen öffentliche Gärten (San Andrés y Sauces/Kirche San Juan), in wenigen Privatgärten, El Paso (Botanischer Garten), Rekultivierungszone Auffahrt Richtung Roque de los Muchachos über Mirca/Ostseite.

Hillebrands Hornklee – „corazoncillo, corazoncillo de La Palma"

Lotus campylocladus ssp. hillebrandii (end. kan. / LP, H selten)

Die immergrüne Pflanze breitet sich oft wie ein Bodendecker kreisförmig aus und bildet hübsche Polster. Ihre Stängel und Blätter sind mit feinen hellen Haaren überzogen. Sie verholzt am Grund. Die Blätter von Hillebrands Hornklee sind 5-zählig und graugrün.

Seine bis 2 cm langen, leuchtenden Blüten bilden an manchen Stellen wahre Teppiche im lichten Kiefernwald.

Die kleinen, hellbraunen Fruchthülsen können bis zu 20 Samen enthalten. Da die Samen auf Hitze regieren, ist nach Waldbränden oft eine Zunahme des Bestandes zu beobachten.

Familie: Hülsenfrüchtler
Wuchsform: kugeliger Busch / bis 30 cm
Standort: lichte Stellen / 500-1700 m
Blüte: gelb / März-Juni
Früchte: Hülsen mit braunen, schwarz gepunkteten Samen / Sommer

→ Verwendung in der Volksmedizin: bei Steinleiden. Früher Futterpflanze für Weidevieh. Auch als Gartenpflanze geeignet.

Wo wächst Hillebrands Hornklee? Unterbewuchs im lichten Kiefernwald, Bergregionen. Fuencaliente (Nähe Pino Virgen del Pino, Volcán de Martín), El Paso (La Cumbrecita).

Kanarische Kiefer – „pino, pino canario"

Pinus canariensis (end. kan. / H, LP, G, T, GC)

Diese Kiefernart gibt es nur auf den Kanaren. Ihre nächste Verwandte ist im Westhimalaya zuhause. Auf La Palma hat die Kanarische Kiefer ca. 2 Millionen Jahre für ihre Entwicklung zur Anpassung an Waldbrände und Vulkanismus gebraucht. Sie ist Natursymbol der Insel und es gibt ausgedehnte Kiefernwälder und majestätische jahrhundertealte Einzelbäume.

Die 15-30 cm langen Nadeln wachsen als Dreierbüschel und kämmen förmlich das Wasser aus den Wolken. Die Kiefern tragen männliche und weibliche Blüten und somit auch männliche und weibliche Zapfen. Die männlichen Blütenzapfen (Pollenzapfen) sind schmal und umgeben

von Stauborganen. Sie färben sich von grünlich gelb auf rötlich. Der gelbe Pollen wird vom Wind manchmal in kleinen gelben Wolken dahingeweht. Die weiblichen Blütenzapfen sind sehr klein, grünlich rot gefärbt. Aus ihnen bilden sich die Samenzapfen. Sie biegen sich nach unten und formen nach und nach die schönen großen Zapfen, die sich toll zum Basteln eignen. Sie enthalten die Samen.

Die Borke des Stammes älterer Exemplare besteht aus vielen Schichten und verkrustet bei Feuer. Diese Kiefern schlagen nach Waldbränden bald wieder aus. Die jungen Bäume dagegen verbrennen endgültig. Das harzreiche Kernholz alter Kiefern heißt „tea" und wurde jahrhundertelang für die verschiedensten Konstruktionen verwendet.

An vielen 4 Wege-Kreuzungen stehen imposante Kiefern. Sie waren Treffpunkte, Rast- und Ruheplätze.

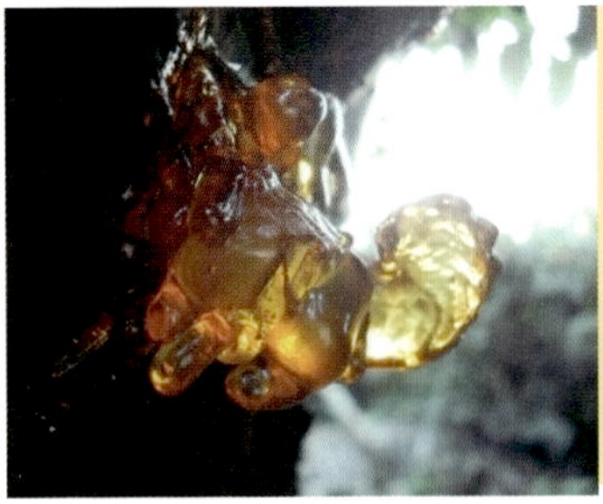

Familie: Kieferngewächse
Wuchsform: Baum / bis 30 (50) m hoch
Standort: Kiefernwald, auch vereinzelt bis Küstennähe / 800-2000 m
Blüte: färbt sich von grün auf rötlich / März bis Mai
Früchte: Zapfen bis 20 cm lang enthalten die Samen / Herbst

→ Von den Bäumen, die Erstbesiedler auf Vulkangelände pflanzten. Ureinwohner aßen die Samen. Holz wurde u. a. für Haus-, Mühlen- und Schiffsbau verwendet. Die Mühle des Gofio-Museums in Las Tricias ist aus Kiefernholz. In speziellen Öfen wurden alte Bäume verschwelt, um *brea* zu gewinnen. Ein Dichtstoff, der zum Kalfatern von Schiffen benutzt wurde. Einzelne Bretter als Teil der Holzfässer für den einzigartigen Tea-Wein. der mit seinem harzigen Aroma für Puntagorda oder Garafía typisch ist. Viele dieser Fässer sind über 150 Jahre alt. Heute werden die Nadeln noch als Stalleinstreu, zum Räuchern von Ziegenkäse und in der Volksheilkunde benutzt. Zapfen als Material bei Corpus Christi.

Geschützt

Wo wächst die Kanarische Kiefer? Kiefern- und Mischwald.
Bekannte Einzelbäume in El Paso (Pino de La Virgen, mit ca. 800 Jahren die älteste Kiefer der Kanarischen Inseln) und in Fuencaliente (Pino de Santo Domingo).

Kiefernwald u. a. bei Garafía Tijarafe, El Paso, Fuencaliente. Kleine Gruppe im Krater des San Antonio (Fuencaliente).

Stamm einer Kanarischen Kiefer, von Feuer gekennzeichnet

Monterrey-Kiefer – „pino de Monterrey"
Pinus radiata (nicht end. / alle Inseln außer F)

Ursprünglich kommt diese Kiefer nur an drei Orten in Kalifornien in der Gegend von Monterey bis Cambria natürlich vor. Alle liegen in einem Nebelgürtel an der Küste von Zentralkalifornien.

Wie an vielen Orten der Welt wurde die Monterey-Kiefer auch auf La Palma aus wirtschaftlichen Zwecken eingeführt. Sie sollte zur Holz- und Zellstoffgewinnung und auch zur Wiederaufforstung von Gebieten, in denen die einheimischen Kiefern bereits abgeholzt waren, dienen. Das Klima der Kanaren bekommt ihr sichtbar gut, denn sie wächst schneller als in ihrer Heimat. In den Kanarenkiefernwäldern sind die Bäume schon von weitem zu erkennen. Sie wirken im Gegensatz zur Kanarischen Kiefer aus der Entfernung viel dunkler, obwohl ihre Nadeln aus der Nähe betrachtet glänzend grün sind. Sie sitzen auch in Dreierbüscheln, sind aber kürzer und nicht so weich und biegsam wie die der einheimischen Kiefer. Auch ihr Stamm unterscheidet sich: Die Rinde ist nicht rötlich-braun, sondern grau oder dunkelbraun.

Die Zapfen der Monterey-Kiefer sind asymmetrisch und mit 7-14 cm Länge auch kleiner als die der Kanarischen Kiefer.

Familie: Kieferngewächse
Wuchsform: immergrüner Baum / bis 30 m (manchmal höher)
Standort: als Wald angepflanzt u. verwildert / 1000-1500 m
Blüte: männliche gelblich, weibliche rötlich oder violett / März-Apr.
Früchte: dunkle Samen mit kleinen Flügeln / Herbst

→ Volksheilkunde: Bei Atemwegserkrankungen und Harnwegsinfektionen. Das Holz wurde in der Konstruktion und Tischlerei verwendet.

Wo wächst die Monterey-Kiefer? Überwiegend im N und O der Insel. Sehr gut zu sehen Breña Alta (Erholungsgebiet Pared Vieja).

La Palma-Knabenkraut – „orquídea"

Orchis mascula ssp. lapalmensis (end. La Palma)

Diese hübsche Insel-Orchidee ist an ihren nur 2-3 cm breiten Blättern und den hellen bis purpurroten Blüten zu erkennen. Sie ist sehr selten. Die Blätter wachsen zu 3-7 als Grundrosette und können gefleckt oder ungefleckt sein. Aus ihrem Zentrum wächst der Blütentrieb.
Im Sommer trocknen die oberirdischen Pflanzenteile ein, die Knollen treiben nach Beginn des Regens wieder aus.

Familie: Orchideen
Wuchsform: ausdauernde krautige Pflanze / bis 50 cm hoch
Standort: lichte Stellen im Kiefernwald / 700-1300 m
Blüte: hell bis purpurrot / März-Juni
Früchte: Samen oder Tochterknollen / Sommer

→ *orchis* leitet sich vom griechischen Wort für Hoden ab und bezieht sich auf die beiden im Boden liegenden Wurzelknollen. *mascula* steht für männlich; das Manns-Knabenkraut produziert keinen Nektar.

Die Pflanze ist strengstens geschützt.

Wo wächst das La Palma-Knabenkraut? Kiefernwald.
El Paso (La Cumbrecita), Ruta de los Volcanes, Mazo.

Webbs Natternkopf – „arrebol azul"

Echium webbii (end. La Palma)

Der mehrjährige, rundlich geformte Strauch hat graugrüne, lanzettförmige Blätter. Sie können bis 12 cm lang werden und sind ober- und unterseits behaart. Auch die Stängel sind behaart, sie haben eine graue Rinde und brechen leicht.

Die an den Zweigenden sitzenden aufrechten Blütenstände können bis zu 40 cm lang werden.

Familie: Raublatt- / Borretschgewächse
Wuchsform: Strauch, stark verzweigt / bis 2 m
Standort: Felsstandorte / 200-1700 m
Blüte: blau / März-Apr.
Früchte: kleine, dunkle Samen / Sommer

→ Insektenweide. An einigen Stellen in Fuencaliente bilden sich wunderschöne Hybriden durch die Mischung mit dem Kurzästigen Natternkopf. Sie blühen in so ungewöhnlichen Farben wie altrosa oder dunkelviolett. Es zeigt aber auch, wie wichtig es ist, keine Natternköpfe von anderen Inseln einzuführen oder endemische an anderen Standorten anzupflanzen, denn der Original Webbs Natternkopf soll in seiner reinen Form erhalten bleiben (so wie auch andere nur auf der Insel natürlich vorkommende Pflanzen).

Gefährdet und im Katalog der geschützten Arten der Kanarischen Inseln als eine für die Ökosysteme der Kanarischen Inseln interessante Art angegeben.

Wo wächst Webbs Natternkopf? Monteverde, Kiefernwald.
Mazo (Nähe Mirador de Las Toscas), El Paso (Cumbrecita, Caldera de Taburiente), Fuencaliente (Kiefernwald).

La Palma-Rauke – „pajonera palmera"

Descurainia gilva (end. La Palma)

Die Sonne liebende Pflanze wächst aufrecht und hat graugrüne, kleine Fiederblätter. Der Namensteil „gilva" bedeutet blassgelb und bezieht sich auf die Farbe ihrer Blüten. In den langen, schmalen Schoten warten bis zu 24 Samen auf den Zeitpunkt der Aussaat.

Familie: Kreuzblütler
Wuchsform: Strauch / bis 40 cm
Standort: offen und sonnig / 1000-2000 m
Blüte: gelb / Apr.-Mai
Früchte: kastanienbraune Samen / Sommer

→ Jede der 7 Kanarischen Inseln hat ihre eigene Rauke aus der Gattung *Descuraina*. Während die La Palma-Rauke die Höhe liebt, füllt die Kanaren-Hundsrauke aus der Gattung *Erucastrum* im Winter ganze Wiesen in tieferen Lagen der Insel.

Geschützt

Wo wächst die La Palma-Rauke? Kiefernwald bis Hochgebirge.
El Paso (Roque de los Muchachos), Garafía (Mirador Los Andenes), Gipfel der Caldera de Taburiente.

La Palma-Strauchminze – „poleo de pinar"

Bystropogon origanifolius var. palmensis (end. La Palma)

Auf La Palma gibt es drei Strauchminzen. Hier eine nur auf der Insel vorkommende Art. *Origanifolius* deutet auf die Ähnlichkeit ihrer Blattform mit dem Gewürz für Tomatensoßen, Oregano, hin. Doch ihre Blätter riechen nach Minze und die Blattoberseite ist graufilzig. Zur Blütezeit fällt sie durch viele, dicht sitzende, kleine Einzelblüten auf, jede davon mit eigenem Stängel.

Familie: Lippenblütler
Wuchsform: Verholzter Strauch / bis 2 cm
Standort: Waldränder / 200-1400 m
Blüte: weiß / Apr.-Juli
Früchte: kleine Samen / Sommer

→ In der Volksheilkunde bekannt als abschwellend, schleim- und krampflösendes Mittel für die Nase. Verwendet zur Anregung der Verdauungssekretion und bei Magen-Darm-Krämpfen. Blätter zum Würzen von Salaten und Eintöpfen. Vorsicht: Die Minze enthält u. a. Pulegon, das zu Krämpfen, Schleimhautreizungen u. ä. führen kann.

Geschützt

Wo wächst die La Palma-Strauchminze? Kiefern- und Lorbeerwald, Barrancos. El Paso (Caldera de Taburiente), Garafía (Roque Faro), Mazo (Weg zum Mirador Astronómico Las Toscas).

Beinwellblättrige Zistrose – „jara, amagante, amagante de pinar"

Cistus symphytifolius (end. kan. / LP, T)

An heißen Sommertagen verströmen die Pflanzen ihren aromatischen Duft besonders stark. An Regentagen sammeln sich die Tropfen auf den behaarten Blättern. Die Sträucher werden bis 2 m hoch und ertragen Trockenheit. Ihre blassgrünen Blätter sind klebrig vom Harz, auf der Oberseite deutlich behaart, auf der Unterseite nur an den Blattnerven. Die Blütenblätter sind knittrig, erreichen einen Durchmesser von bis zu 6 cm und haben gelbe Staubgefäße. Jede Blüte öffnet sich nur wenige Stunden. Die Verteilung der Samen erfolgt durch den Wind.

Familie: Zistrosengewächse
Wuchsform: duftender Strauch / bis 2 m
Standort: Kiefernwälder / 500-1200 m
Blüte: purpurrosa / April-August
Früchte: verholzende Kapsel mit winzigen schwarzen Samen / Herbst

→ Volksheilkunde: schmerzstillend. Nur Namensverwandte der Rosen. Insektenweide.

Wo wächst die Beinwellblättrige Zistrose? Kiefern- und Heidebuschwald. El Paso (Richtung La Cumbrecita); Breña Baja (Mirador Llano de La Venta); Kiefernwälder bei Tijarafe, Barlovento und Garafía.

Montpellier Zistrose – „jaguarzo, jara blanca"

Cistus monspeliensis (nicht end. / H, LP, G, T, GC)

Neben den weißen Blüten sind die länglichen, klebrigen Blätter ein typisches Erkennungszeichen. Der immergrüne Strauch duftet im Ganzen würzig, nicht nur die ca. 3 cm kleinen Blüten, in denen häufig kleine Insekten krabbeln.

Familie: Zistrosengewächse
Wuchsform: Strauch / bis ca. 1,20 m
Standort: trockene, sonnige Wegränder / bis 1200 m
Blüte: / weiß März-Juni
Früchte: Mai-Juli / runzlige Samen

→ Volksheilkunde: entspannend, krampflösend und schmerzlindernd. Sehr gut erforschte Medizinalpflanze. Ihre Heimat ist der Mittelmeerraum. Manchmal als Hecke angepflanzt. Zu ihren Füßen kann der Gelbe Zistrosenwürger Cytinus hypocistis, eine Schmarotzerpflanze, wachsen.

Wo wächst die Montpellier Zistrose? Randzone Kiefern-, Thermophiler Buschwald.
Puntagorda (unterhalb Bauernmarkt), Barlovento (GR-130 Topaciegas).

Gelber Zistrosenwürger – „pútiga, melera de jaguarzo"

Cytinus hypocistis (nicht end. / H,LP,G,T,GC)

Da sie selbst kein Chlorophyll erzeugen und somit keine Photosynthese betreiben kann, schmarotzt diese Pflanze auf den Wurzeln verschiedener Zistrosenarten. Der Würger sitzt in Stammnähe und seine Blattfarben variieren von gelb, orange bis rot. Die 3-7 cm großen Blüten fallen durch ihre gelbe Farbe auf. Tatsächlich sehen wir nur einen Teil der Pflanze, denn sie kann sich bis zu mehreren Metern Länge unter der Erde ausbreiten und schaut nur zur Blütezeit heraus.

Familie: Zistrosenwürgergewächse
Wuchsform: Schmarotzerpflanze / bis 7 cm
Standort: trockene Kiefernwaldzone, Barrancos, untere Grenze Lorbeerwälder / bis 1500 m
Blüte: gelb / März-Juni
Früchte: Beeren mit kleinen Samen / Sommer

→ Verwendung in der Volksmedizin: gegen Durchfall, zur Stimulierung und Regulierung der Menstruation. Der Würger enthält einen natürlichen Klebstoff. Bis in die 60er Jahre haben Kinder damit ihre Bastelarbeiten und sogar die Papierdrachen „geleimt". Hauptbestäuber sind Ameisen, die von dem süßen Nektar der Blüten angezogen werden.

Wo wächst der Gelbe Zistrosenwürger? Immer unter Zistrosen. Barlovento (an Montpellierzistrosen am GR130-Teilstück Topaciegas-La Palmita).

Pilze

Auf La Palma wachsen laut der Pilzexpertin Rose Marie Dähncke 1.500 Pilzsorten (zum Zeitpunkt 28.01.2020, laut Canarias ahora), 35 davon hat sie weltweit das erste Mal beschrieben. Diese unglaubliche Vielfalt auf relativ kleiner Fläche kann ich nur den Fachleuten überlassen. Frau Dähncke hat über 70 Jahre Erfahrung auf dem Gebiet, davon über 30 auf der Insel. An ihrem 90. Geburtstag hat sie ihre Studienergebnisse aus Europa und speziell von La Palma, einschließlich wertvoller Aufzeichnungen und Bücher der Gemeinde Mazo gespendet, damit das Wissen nicht verloren geht. Das umfangreiche Material ist derzeit in einem Nebengebäude des Museums im Casa Roja von Villa de Mazo untergebracht.
Frau Dähnckes letztes Buch „80 setas comestibles en La Palma" (zweisprachig, spanisch und deutsch) ist 80 Speisepilzen auf La Palma gewidmet.

Kiefernsteinpilz, Rothütiger Steinpilz / „bolleto de pino" / bolletus pinophilus. Foto: Rose Marie Dähncke

Im Vergleich zeigt sie im Buch auch eine Auswahl der giftigen oder ungenießbaren Pilze.
Jährlich veranstaltet der Pilzverein Sociedad Micológica de La Palma (mycolapalma) Vorträge, Pilzwanderungen und gibt Tipps zur Zubereitung der Fundstücke.
Ab Mitte November beginnen die Pilze zu sprießen. Dann werden z. B. auch auf dem Bauernmarkt von Puntagorda Pfifferlinge oder Steinpilze verkauft und einige Restaurants bieten entsprechende Pilzgerichte an.

Roter Fliegenpilz / „canina", „falsa oronja", „matamoscas" / Amanita muscaria.

Fundstellen: Pilze brauchen Feuchtigkeit und deshalb wachsen sie am besten in den Wäldern der Ostseite, bei El Paso (im Kiefernwald und unter den Esskastanienbäumen), Barlovento, Puntagorda und Garafía.

Echter Pfifferling / „cantarela" / cantharellus cibarius. Fotos: Rose Marie Dähncke

Hochgebirgszone / „alta montaña"

Die trockenkühle Stufe liegt über den Wolken ab 2000 m ü. M. Im Sommer ist es hier mit über 30° C sehr heiß und im Winter bedecken manchmal Eis und Schnee die Gipfel, die Temperatur kann bis zu -10°C sinken.

Der Roque de los Muchachos ist mit 2426 m der höchste Gipfel der Insel und bequem mit dem Auto oder per Ausflugsbus zu erreichen. Die Hochgebirgsflora überrascht zwischen Mai und Juni besonders mit der Blüte der Rosa Natternköpfe. Zusammen mit dem gelben Drüsenginster, dem zarten La Palma-Veilchen und dem duftenden Teideginster verwandelt sich das Dach der Insel in einen blühenden Garten. Die Bestäubung der Mehrzahl der Blüten übernimmt die kanarische schwarze Biene. Sie hat sich in 20.000 Jahren als einzigartige Rasse entwickelt und perfekt an das Inselleben mit seinen unterschiedlichen Klimazonen und der einheimischen Flora angepasst. Auch die Imker arbeiten mit den besonders sanften Bienen und Sie sollten unbedingt einen der leckeren Insel-Honige probieren.

Wildprets Natternkopf, S. 242

Echter Teideginster, S. 245

La Palma-Veilchen, S. 248

Das gelbe Dach der Insel … (Nähe Roque de Los Muchachos ca. Anfang Juni)

Nebenblattlose Bencomia – bencomia de cumbre"

Bencomia exstipulata (end. kan. / LP, T)

Diese Bencomiaart ist sehr selten und war fast ausgestorben. Durch die extremen Klimaverhältnisse im Hochgebirge scheint der Strauch sich nicht aufrecken zu wollen oder zu können. Er verzweigt reichlich von unten und oft wirkt er verkrüppelt.

Laut www.acbcanarias.org, Ángel Bañares (Bereichsleiter der Abteilung Biodiversität der Regierung der Kanarischen Inseln) sind die Pflanzen langlebig und können 72 Jahre alt werden. Die Bestäubung erfolgt durch den Wind und die Verteilung der Samen durch Eidechsen und Falken, die Eidechsen gefressen haben. Normalerweise tragen die einzelnen Exemplare sowohl männliche als auch weibliche Blüten, obwohl ihre Sexualität merkwürdigerweise von Jahr zu Jahr variiert und einige Exemplare sogar ihr ganzes Leben lang nur männlich oder weiblich sind.

Der bräunliche Stamm blättert in Schichten ab. Ihre Blätter sitzen an den Astenden. Sie sind an den Rändern gekerbt-gesägt. Oberseits dunkelgrün und glänzend, unterseits hellgrün und dicht behaart. Die Blütenstände tragen kleine Einzelblüten, wobei die weiblichen verzweigt sind, die männlichen einfach. Die Früchte sind erst grün und fleischig, später gelblich.

Familie: Rosengewächse
Wuchsform: Strauch / bis 2 m
Standort: Felsen / 2000-2400 m
Blüte: weibliche rosa-rot, männliche gelb-grün / April-Mai
Früchte: fast kugelförmig, bei Reife gelblich mit 1 braunem Samen / Sommer

→ Name stammt von Bencomo, einem Guanchenkönig von Teneriffa. Deshalb auch Guanchenrose genannt.

Trotz Erfolgen bei der Wiederansiedlung gilt sie weiterhin als vom Aussterben bedroht und ist streng geschützt (Rote Lite IUCN).

Wo wächst die Nebenblattlose Bencomia? Hochgebirgszone
Caldera de Taburiente, Nähe Roque de los Muchachos.

La Palma-Drüsenfrucht – „codeso de cumbre, codeso palmero"

Adenocarpus viscosus ssp. spartioides (end. La Palma)

Diese Unterart der Klebrigen Drüsenfrucht macht ihrem Namen Ehre. Ihre dreilappigen Blätter sind beidseitig so dicht mit feinsten Härchen besetzt, dass sie sich tatsächlich klebrig anfühlen. Sie werden bis zu 14 mm groß, sind immergrün und schmal.

Durch die harten Lebensbedingungen wachsen die verholzten Sträucher oft weniger in die Höhe, sondern breiten sich in Bodennähe aus.

Zur Blütezeit bringen sie große Flächen im Gebiet des Roque de los Muchachos zum Duften und Leuchten. Die Blütenkelche

sind voll winziger Drüsen, ebenso später die Samenhülsen. Letztere sind grünlich mit braun-violett.

Familie: Schmetterlingsblütler
Wuchsform: Strauch, oft liegend / bis 1 (selten 4) m hoch
Standort: Gebirgszone, oberer Kiefernwald / 1000-2400 m
Blüte: gelb / Mai-Juni
Früchte: Hülsen mit 2-6 dunkelbraunen Samen / Sommer

→ Insektenweide. Wird auch als Drüsenginster bezeichnet, ist aber nur ein Verwandter des Ginsters. In den niedrigen Lagen des Kiefernwaldes findet sich auch die Blättchenreiche Drüsenfrucht. Sie ist aber leicht zu unterscheiden, denn sie hat keine Drüsen und viel kleinere Blättchen.

Wo wächst die La Palma-Drüsenfrucht? Hochgebirge, Unterbewuchs oberer Kiefernwald.
Berge im Nordwesten, La Cumbrecita, Caldera de Taburiente. Sehr schön im Gebiet kurz unterhalb Roque de los Muchachos.

Purpurblütiger Federkopf – „rosalito palmero"

Pterocephalus porphyranthus (end. La Palma)

Dieser Gipfelstürmer wächst sogar auf dem höchsten Berg der Insel.

An den dichten Zweigen sitzen die vielen blassgrünen Blätter, die von beiden Seiten behaart sind. Sie werden 6-10 cm lang und enden in einer Spitze. Dank ihrer bis 15 cm langen Stiele sich recken die Blütenköpfe der Sommersonne entgegen. Nach der Blüte verwandeln sie sich in weiße Puschel, die an zarte Federn erinnern. Der Wind verteilt die Federkelche, an denen die Samen sitzen.

Familie: Geißblattgewächse (früher Kardengewächse)
Wuchsform: Strauch / bis 50 cm
Standort: felsig, Hochlagen / 1300-2426 m
Blüte: purpurn / Mai-Aug.
Früchte: Pappus mit kleinen Samen (ähnl. Löwenzahn) / ab Spätsommer

→ Insektenweide.

Geschützt

Wo wächst der Purpurblütige Federkopf? Hochlagen der Berge.
El Paso (Roque de los Muchachos, Hänge des Birigoyo), Breña Alta (Nähe Mirador de Las Ventas).

La Palma-Ginster – „retamón, retamón palmero"
Genista benehoavensis (end. La Palma)

Gelbe Blüten gibt es viele durch die La Palma-Drüsenfrucht im Hochgebirge der Insel, doch kein Gelbton ist so golden und keine Blüten stehen so dicht wie die dieses einzigartigen Ginsters.

Familie: Hülsenfrüchtler
Wuchsform: stark verzweigter Strauch / bis 4 m
Standort: steinig und sonnig / 2000-2250 m
Blüte: gelb / Mai-Aug.
Früchte: behaarte Hülsen mit 6-8 Samen / Sommer

→ War durch Fraßschäden von Ziegen, Mähnenspringern und Kaninchen vom Aussterben bedroht. Dank Programmen zur Rehabilitation inzwischen an einigen wenigen Stellen zahlreich.

Speziell geschützt

Wo wächst der La Palma-Ginster? Suprakanarische Zone (über 2000 m). Bergränder der Caldera de Taburiente, Roque de los Muchachos.

La Palma-Greiskraut – „cinco uñas"
Bethencourtia palmensis (end. kan. / LP,T)

Den palmerischen Namen, den man mit „Fünf Krallen oder Fünf Nägel" übersetzen kann, erhält der Strauch wegen seiner Blätter. Sie sind grünblau, fleischig, beginnen schmal und breiten sich nach oben in einer seltsamen Form mit 5 Spitzen aus.

Im Sommer, wenn fast alle anderen Pflanzen sich wegen der Hitze zurückziehen, erstrahlt das Greiskraut voll goldgelber Blüten. Seine Samen werden vom Wind verteilt.

Familie: Korbblütler
Wuchsform: kleiner Strauch / bis 40 cm
Standort: am häufigsten an Felsstandorten / 450-2400 m
Blüte: gelb / Juni-Okt.
Früchte: dunkelgelbe Samen mit Flugvorrichtung (ähnl. Löwenzahn) / Spätsommer-Herbst

→ Lt. Wikipedia hat der Namen nichts mit Greisen zu tun, sondern stammt aus der mittelhochdeutschen Sprache und steht für graues Kraut.

Geschützt

Wo wächst das La Palma-Greiskraut? Hochgebirgszone, machmal Kiefernwald. Barranco de las Angustias, Berge bei Garafía, Caldera de Taburiente, Nähe Roque de los Muchachos.

Enzianartiger Natternkopf – „Taginaste de cumbre"

Echium gentianoides (end. La Palma)

Der Strauch verzweigt sich schon ab der Basis stark. Seine Zweige haben eine graue Rinde und brechen leicht.

Seine grün-blauen Blätter können bis 8 cm lang werden. Sie sind lanzettlich, etwas fleischig, oberseits kahl, unterseits mit kurzen Borsten.

Familie: Raublatt- / Borretschgewächse
Wuchsform: ausdauernder Strauch / bis 1 m
Standort: Felshänge und -spalten, hell und sonnig / 1800-2400 m
Blüte: enzianblau-rosa / Mai-Juni
Früchte: gräuliche Nüsschen mit Spitze / Sommer

→ Ziegen und die als Jagdwild eingeführten Mähnenspringer fressen leider sehr gern die zarten Triebe. Dank Programmen zur Rehabilitation inzwischen wenigstens an einigen wenigen Stellen zahlreich.

Speziell geschützt

Wo wächst der Enzianartige Natternkopf? Hochgebirge. Garafía (Los Andenes-Pared de Roberto), Puntagorda (Llano de Las Ánimas), El Paso (Caldera de Taburiente).

Wildprets Natternkopf, Rosa Natternkopf – „taginaste rosado"

Echium perezii sprague (früher *Echium wildpretii ssp. trichosiphon*) (end. La Palma)

Der Rosa Natternkopf ist im späten Frühjahr der Besuchermagnet in der Hochgebirgszone der Insel. Rundherum blühen noch andere botanische Schätze und Schönheiten, aber die mit tausenden, kleinen Blüten besetzten Riesenpflanzen stehlen ihnen die Schau.

Die Grundrosette besteht aus graugrünen Blättern, die beidseitig behaart sind und bis zu 30 cm lang werden können. Daraus schiebt sich ab dem 2. Jahr der Blütenstand empor. Mit dem Öffnen der ersten Blüten beginnt ein Summen und Schwärmen. Bienen, Schmetterlinge und andere Insekten laben sich an dem reichen Nektar- und Polenvorkommen der Pflanzen. Nach der Samenbildung ist die Kraft des Natternkopfs erschöpft, er stirbt. Das „Gerippe" bleiben noch lange stehen.

Familie: Raublatt- / Borretschgewächse
Wuchsform: mehrjähriger unverzweigter Strauch / bis 3 m
Standort: Felsstandorte, sonnig / 1600-2100 m
Blüte: rosa, im Alter bläulich / Mai-Juni
Früchte: Nüsschen mit 1 Samen / Sommer

→ War fast ausgestorben. Der Bestand konnte sich durch ein langjähriges Wiederansiedlungs- und Schutzprogramm erholen. Volksheilkunde: bei Husten, Fieber, Kopfschmerzen.

Streng geschützt

Wo wächst der Rosa Natternkopf? Hochgebirge bis hinab in den oberen Kiefernwald. El Paso-Garafía (Roque de los Muchachos), Puntagorda (Llano de las Ánimas), El Paso (Botanischer Garten).

Echter Teideginster – „retama de cumbre, retama del Teide"

Spartocytisus supranubius (end. kan. / LP, T)

Die dicht verzweigten, kräftigen Stängel wachsen aufrecht und sehr dicht. Sie können einen Durchmesser von 2-3 m erreichen. Die weniger als 1 cm großen, länglichen Blätter sitzen zu dritt an kurzen Stielen. Durch ihre dichten Haare sehen sie graugrün aus. Sie halten nicht lange, dafür drücken sich Blüten an Blüten und erinnern an weiße Wolken.

Die Fruchthülsen sind behaart, länglich und färben von grün auf schwarz. Die Samen darin sind gut zu erkennen.

Familie: Hülsenfrüchtler
Wuchsform: Busch aufrecht oder kugelig / bis 4 m
Standort: Felsstandorte, sonnig / 1700-2000 m
Blüte: weiß oder rosa / Mai-Juni
Früchte: Hülsen bei Reife schwarz mit 4-6 Samen / Sommer

→ Blüten duften sehr stark. Insektenweide. Bienentrachtpflanze und somit Bestandteil einiger der köstlichen Honige der Insel. Früher als Viehfutter. *supra nubius* = „Über den Wolken".

Wo wächst der Echte Teideginster? Hochgebirge, obere Kiefernwaldgrenze. Gipfel der Caldera de Taburiente. Schöne Exemplare an der Straße von der Ostseite über Mirca auf den Roque de los Muchachos.

Teidelack, Besen-Schöterich – „alhelí de cumbre"

Erysimum scoparium (end. kan. / LP, T, GC)

Der ausdauernde Strauch streckt seine Zweige aufrecht in die Höhe. Seine Blätter sind schmal, graugrün und fühlen sich durch dicht wachsende, kleine Haare rau an.
Die auffälligen Blüten färben sich mit dem Blütefortschritt mehr in Richtung violett. In den länglichen Fruchtkapseln sitzen viele bräunliche Samen.

Familie: Kreuzblütler
Wuchsform: rundlicher Halbstrauch / bis 1 m zur Blütezeit
Standort: subalpine Bergkette, selten Kiefernwald / 1500-2400 m
Blüte: weißlich, rosa, lila / Apr.-Juni
Früchte: länglich mit kleinen Samen / Frühling-Sommer

Wo wächst der Teidelack? Hochgebirge, oberer Kiefernwald, Schluchten. Kämme Caldera de Taburiente, Los Andenes, El Paso (Nähe Roque de los Muchachos, Botanischer Garten).

La Palma-Veilchen (Stiefmütterchen) – „pensamiento de la cumbre"

Viola palmensis (end. La Palma)

Eis, Schnee, Wind, Trockenheit und Hitze – all dies erträgt diese Gipfelschönheit.

Aus den ursprünglich aus dem Mittelmeergebiet stammenden Veilchen haben sich auf zwei der Kanarischen Inseln zwei eigene Arten gebildet. Das Teneriffa-Veilchen wächst nur auf Teneriffa und das La Palma-Veilchen nur auf La Palma.

Das hiesige hat schmale, lanzettliche Blätter, die sich beinahe ledrig anfühlen. Durch einen feinen, hellen Flaum wirken sie graugrün.

Die sich kreisförmig verzweigende Pflanze hält sich mit ihrer tiefreichenden, starken Wurzel fest. Sie nutzt Felsnischen oder die Gesellschaft nicht zu großer Büsche der Drüsenfrucht.

Die fünf Blütenblätter sind blassviolett mit einigen dunkleren

Streifen und einem gelben Fleck im Zentrum. In ihrer längsten Ausdehnung erreicht die Blüte eine Größe von beinahe 4 cm.
Die Vermehrung erfolgt durch in Kapselfrüchten gedeihende Samen.

Familie: Veilchengewächse
Wuchsform: Ausdauernde krautige Pflanze / bis 30 cm
Standort: sonnig, trocken, steinig / 1900-2400 m
Blüte: blassviolett mit gelbem Fleck / Apr.-Juli
Früchte: Kapseln mit mehreren Samen / Sommer

→ Bestandszunahme dank Schutzprogramm. Die Gefahr für das La Palma-Veilchen geht dabei weniger von Tieren als von den „Pflanzenliebhabern" aus, die es ausreißen und mitnehmen.
Das La Palma-Veilchen spielt eine wichtige Rolle in der Legende der Pared de Roberto – der Teufelswand in der Nähe des Aussichtpunktes Los Andenes.

Geschützt

Wo wächst das La Palma-Veilchen? Hochgebirge.
Verschiedene Stellen auf dem Weg zum Roque de los Muchachos von der Ostseite kommend. Bergkämme der Caldera de Taburiente.

Zedern-Wacholder – „cedro"

Juniperus cedrus + Juniperus cedrus ssp. cedrus
(end. kan. / G, LP, T, GC)

Der Zedern-Wacholder bildet eine breite Krone mit sich herabneigenden Zweigen. Vor allem alte und starkem Wind ausgesetzte Exemplare haben einen stark verdrehten Stamm und der ganze Baum neigt sich. Seine nadelförmigen Blätter sind immergrün, flach und in 3er-Gruppen angeordnet.

Die Blüten sind winzig, aber zahlreich. Die männlichen Samen setzen den Pollen frei und fallen kurz darauf ab. Die weiblichen Früchte brauchen 18-20 Monate bis zur Reife.

Familie: Zypressengewächse
Wuchsform: Strauch oder Baum / bis 15 m, selten über 20 m
Standort: Felsstandorte / 1400-2200 m
Blüte: winzig bräunlich-gelb / Febr.-März
Früchte: kugelförmig, bei Reife rötlich-orange / Frühling

→ Volksheilkunde: antiseptisch, gegen Parasiten, entzündungshemmend, zur Wundheilung. Sehr langlebige Bäume. Durch die frühere Nutzung des wertvollen und aromatischen Holzes zur Herstellung von Möbeln und Kisten ist der Bestand sehr zurückgegangen. Vögel fressen die Früchte und scheiden die Samen wieder aus, tragen somit zur Verbreitung bei.

Geschützt

Wo wächst der Zedern-Wacholder? Hochgebirge.
El Paso (Botanischer Garten, La Cumbrecita, verstreut auf schwer zugänglichen Gipfeln der Caldera de Taburiente).

Je nach Jahreszeit zeigen noch viel mehr Pflanzen ihre Blüten. Disteln, Wilde Möhre, Aloe vera, La-Palma-Rauke.

…hiedene Sorten Mohn, Nickender Sauerklee (Oxalis pes-caprae), einige davon als invasiv eingestuft.

Auswahl der vielen exotischen Pflanzen, die auf der Insel vorkommen. Sie sind auch an einigen der besonderen Orte zu sehen. Von oben links: Mangobäume, Ingwergewächs, Schraubenbaum, Wachsblume, Helikonie (Hummerschere), Orchideenbaum

Parks, Gärten, besondere Orte

Stadtpark – Los Llanos de Aridane

Große, angelegte Parks sucht man auf La Palma vergebens, doch der kleine Stadtpark von Los Llanos ist ein wahres Kleinod. Er wurde teils von dem palmerischen Künstler Luis Morera neu gestaltet und beherbergt einheimische und exotische Pflanzen.

Parque Antonio Gómez Felipe, Carretera LP-213 Von Los Llanos nach Puerto Naos. Vom Stadtzentrum ca. 15 Minuten Fußweg.
Geöffnet: Di.-So., 10-20 Uhr, Mo. geschlossen

Plaza La Glorieta – Las Manchas

Dieser Platz wurde ebenfalls von Luis Morrera gestaltet. Hier vereinen sich echte Pflanzen mit nachgeformten Blättern und Mosaiken. Bänke laden zum Verweilen ein.
Hinter der begrünten Wand verbirgt sich das Sportfeld der angrenzenden Schule.

Plaza La Glorieta (auch Plaza de Los Cuatro Caminos), Las Manchas de Abajo, Los Llanos. Immer geöffnet

Botanischer Garten von El Paso

Hier entdecken Sie Pflanzen, die in der freien Natur nur schwer zu finden sind. Entweder sind sie extrem selten oder wachsen nur an schwer zugänglichen Stellen.

Jardín Botánico, direkt am Besucherzentrum Centro de Visitantes Parque Natural de La Caldera de Taburiente
Ctra. General Padrón 47, El Paso. Täglich geöffnet: 09-18 Uhr

Finca La Principal

Die Finca hat ihren Ursprung im Jahr 1512. Im Lauf der Zeit wechselte der Anbau von Tabak, Getreide und Gemüse zur Zucht von Strelitzien. Im Garten finden sich außerdem viele Zierpflanzen, ausladende Avokadobäume, uralte Palmen und eine Kanarische Kiefer mit einer besonderen Geschichte.

Kultur-Flohmarkt mit Kunsthandwerk, Antikem, Gebrauchtem, Obst, Gemüse, oft mit Livemusik. Für das leibliche Wohl sorgt die Bar/Cafeteria mit Gartenterrasse. Camino de La Glorieta, 16. Buenavista de Arriba. Breña Alta. Geöffnet: freitags 14-18 Uhr

Naturpark Finca Amado

Schmale Pfade führen durch dieses Kleinod. Man kann ahnen, wie der thermophile Buschwald einst aussah. Leider fehlen die Drachenbäume und Palmen. Dafür wächst das Kanaren-Johanniskraut üppig und auch die Vögel fühlen sich in dem Mini-Wald wohl.

Parque Natural de Finca Amado
(eingebettet zwischen den Straßen
LP-206 und Calle Finca Amado II)
bei der Urbanización Finca Amado,
Breña Baja. Immer geöffnet

Caldera de Taburiente

Sie ist das Herzstück der Insel und des gleichnamigen Nationalparks.
Lt. dem Geologischen Wanderführer von Rainer Olzem / Timm Reisinger ist dieser Krater vermutlich ursächlich durch tektonische Prozesse entstanden und wurde in der Folgezeit durch Erosion stetig erweitert und vertieft.
In dieser atemberaubenden Szenerie aus steilen Berghängen und einem teils trockenen Bachbett mit riesigen schön geformten Steinen wachsen viele der endemischen Pflanzen und teils majestätische Kanarische Kiefern.
Vorsicht bei starken Regenfällen, dann kann sich binnen kürzester Zeit ein reißender Fluss bilden, der sich bei Puerto de Tazacorte ins Meer ergießt!

Ein vorheriger Besuch des Besucherzentrums *Centro de Visitantes* an der Hauptstraße El Paso LP-2, km 23,9, ist empfehlenswert. Dort ist auch der Botanische Garten.

Roque de los Muchachos

Er ist der höchste Punkt des Nationalsparks Caldera de Taburiente und der Insel La Palma. In 2426 m ü. M. Er ist zu jeder Jahreszeit einen Besuch wert. Oft steht man über den Wolken und hat Weitblick. Von der großen Nachbarinsel Teneriffa grüßt dann der majestätische Teide mit seinen über 3700 m Höhe herüber.

Ca. Mitte Mai bis Mitte Juni gleicht das Dach der Insel einem üppig blühenden Garten mit vielen besonderen Pflanzen.
Anfahrt von der Ostseite via Mirca oder von Norden über Hoya Grande.

Altos de Mazo

Hinter dem Namen verbirgt sich eine Mischung aus Bergen, Weideflächen und immergrünen Laubwäldern. Wanderwege, Pisten, eine asphaltierte Straße und der Aussichtspunkt „Mirador de Las Toscas" bieten Jedem die Möglichkeit, die Natur, Ausblicke auf Teneriffa und La Gomera, in klaren Nächten ein fantastischer Sternenhimmel und zur Weidezeit einheimische Kühe zu bewundern.

Zufahrt über die LP-206 von Villa de Mazo Richtung Fuencaliente bis zur Ausschilderung „Nambroque". Dort soweit man möchte. Die Straße endet an einer ehemaligen Deponie und wird von verschiedenen Wanderwegen gekreuzt. Immer geöffnet

Salinen von Fuencaliente

An der Südspitze der Insel wird seit bereits seit den 1960er Jahren reines Meersalz in traditioneller Handarbeit gewonnen. Unter dem Markennamen Sal Marina Teneguía ist es in vielen Geschäften der Insel und im Laden direkt an den Salinen zu erstehen. Der Name erinnert an den vorletzten Vulkanausbruch im Jahr 1971, bei dem sich die Laveflüsse des Teneguía knapp an den Salzgärten vorbei ergossen.
Neben dem weißen Gold bergen die Salinen noch weitere Schätze. Sie wurden schon 1994 zum Ort von wissenschaftlichem Interesse ernannt, denn von Oktober bis ins Frühjahr besuchen viele Zugvögel und manche Überwinterer die Zone mit dem besonderen Futterangebot. Dazu gehören Regenpfeifer, Wat- und Schnepfenvögel und manchmal auch Flamingos.

Heilige Kiefern

Viele Wege kreuzen sich an uralten markanten Kiefern. Sie waren einst Wegkennzeichen und Treffpunkte. Einige Bäume sind heilige Kiefern. Es heißt es erschien dort die Jungfrau Maria und entweder tragen die Kiefern die Jungfrau in ihrem eigenen Stamm oder eine kleine Kirche steht in der Nähe.
Beispiele sind die Pino de la Virgen (El Paso), Pino de la Virgen und Pino de Santo Domingo (Fuencaliente) und die Pino de la Virgen Puntagorda.

Fundación Maroparque

– Rettungsstation für exotische Tiere.

Jeder und jede Besucher/in zählt.

Viele der hier betreuten Tiere stammen aus nicht artgerechter Haltung, illegalem Tierhandel, wurden ausgesetzt oder von ihren Besitzern abgegeben. Dadurch ergibt sich die Vielzahl unterschiedlichster Arten. Auf dem 7000 m² großen Gelände in Hanglage mit Freifluganlagen gibt es Aras, Stachelschweine, Erdmännchen, Schildkröten, Äffchen, Schlangen, Leguane, Vogelspinnen, Sittiche, Pfauen, Kängurus und noch andere Tiere zu sehen. Artgerechte Leckerbissen können beim Eintritt erworben werden.

Ein Besuch des Maroparque ist ein Erlebnis für die ganze Familie und fördert das Wohl der Tiere. Mehr Infos und aktuelle Eintrittspreise auf der Webseite maroparque.es.

Mo.-So.: 10-18 h

Calle La Cuesta 28-30, Breña Alta

Tel. (+34) 6366849236 / 922 417782

Garten des Hotel Parador

Hier vereinen sich einheimische und exotische Pflanzen. Margeriten, Kanarischer Salbei usw. mischen sich mit Sagopalmen, Magnolien, Rosen - und es gibt auch einen kleinen Kräuter- und Gemüsegarten.

Parador de La Palma, Carretera el Zumacal s/n, Breña Baja

Gärtnerei für einheimische Pflanzen und Rehabilitationszentrum für Wildtiere

Wer auf der Isla Bonita ein Stück Land sein Eigen nennt, kann in dieser Gärtnerei und Baumschule die geeigneten Pflanzen für seinen Garten günstig erwerben. Die Mitarbeiter (spanischsprachig) beraten fachkundig.

Hier befindet sich auch die Rettungsstation für einheimische Wildtiere, die jedoch nicht für Besuche offensteht.

„Vivero Flora Autóctona y Centro Rehabilitación Fauna Silvestre"
Carretera Martín Luis, 38700 Puntallana. Telefon (+ 34) 647 42 13 17.

Garten des Hotel Hacienda de Abajo

Zwei französische Botaniker haben hier einen Garten Eden geschaffen, in dem Bromelien, Baumfarne, außergewöhnliche Strelitzien, Helikoniengewächse, weitere Exoten und botanische Raritäten sowie endemische kanarische Pflanzen verzaubern.

Zusätzlich überraschen auf dem Gang zum Garten Kunstschätze, die zur Ausstattung des emblematischen Hotels gehören. Die verschiedenen Gebäude sind durch die liebevolle Restaurierung einer Zuckerrohr-Hacienda entstanden. Das stilvolle Restaurant El Sitio steht auch nicht Hotelgästen offen.

Hotel Hacienda de Abajo, Calle Miguel de Unamuno, Villa de Tazacorte

Tierwelt

Auch die Tierwelt der Kanarischen Inseln unterscheidet sich durch Alter und Lage der Inseln. Teilweise haben sich endemische Arten bzw. Unterarten entwickelt, die nur auf dem Archipel und einige davon nur auf einer bestimmten Insel vorkommen. Das Symboltier von La Palma ist die „graja", eine Alpenkrähe, mit leuchtend rotem Schnabel und Beinen. Die einzigen einheimischen, natürlich vorkommenden Säugetiere der Insel sind Fledermäuse.

Die üppige Vegetation ist Lebensraum für viele Tiere. Zilpzalp. Foto: Kike Navarro

Verletzte, desorientiere Tiere

Egal ob es sich um ein Wild- (Falken, Sturmtaucher, Eulen), Haus- oder exotisches Tier handelt, wenn möglich: Tier einfangen. Ein Tuch (Jacke, Handtuch) schützt vor Verletzungen durch Schnabel und Krallen
– Schnell handeln, es könnte sich unerwartet verstecken.
– Tier möglichst in eine Pappkiste mit Luftlöchern setzen und verschließen.
– Anruf beim Notruf 112 (mehrsprachig / 24 Stunden).

Säugetiere an Land

Durch die Ureinwohner und ab dem 15. Jahrhundert durch Siedler verschiedener Länder und Kontinente wurden Haus- und Nutztiere wie Hunde, Schweine, Ziegen, Rinder, Schafe, Kaninchen und Hühner eingeführt. (Und natürlich reisten auf den Schiffen auch Ratten und Mäuse mit.) Unter den eingeführten Tieren haben sich endemische Rassen entwickelt. Es gibt palmerische Ziegen, Schafe und Rinder. Dank engagierten Viehzüchtern und der Versuchsfarm der Inselregierung (Granja Experimental, Garafía) konnten sie bisher erhalten werden. Aus der Gemeinde Garafía stammt der langhaarige Hirtenhund „perro pastor garafiano". Der jagdfreudige „ratonero", ein kleiner Terrier, kämpft noch um die Anerkennung als echte palmerische Rasse.

Einst als wichtige Arbeitstiere geschätzt sind Esel und Maultiere heute selten geworden.

Fledermaus – „murcielago"

Es heißt, sie waren die einzigen Säugetiere auf der Insel, bevor der Mensch mit Ziegen, Hunden usw. anlandete. Von den 7 auf den Kanarischen Inseln vorkommenden Arten leben 4 auf La Palma. Mit Beginn der Dämmerung beginnen sie ihre Jagd auf Insekten (je nach Fledermaus Mücken, kleine Motten, Nachtfalter, Käfer usw.).

Madeira-Fledermaus – „murciélago de Madeira"
Pipistrellus maderensis (end. mak. / H, P, G, T)

Sie ist die kleinste mit nur 3,5-4,7 cm Körpergröße, ca. 25 cm Spannweite und etwa 5 g Gewicht. Ihr Fell ist schoko-braun, manchmal mit einem orangen Schimmer. Schnauze, Ohren und Flughäute sind schwarz.
In den tieferen Gebieten fliegt die Madeira-Fledermaus ganzjährig. In den höheren Lagen hält sie ab Oktober Winterruhe.

Familie: Glattnasen
Vorkommen: Von Küstennähe bis 2150 m

→ Sie ist sehr standorttreu, lebt verstreut (keine großen Populationen im selben Revier). Gefährdet durch Insektengift, verschwindende Lebensräume.

Gefährdet. Speziell geschützt

Wo ist die Madeira-Fledermaus zu sehen?
Im Licht der Straßenlaternen.

Diese Madeira-Fledermaus fand ich im Garten. Mit einer Pipette gab ich ihr vorsichtig Wasser (meist sind die aufgefundenen Tiere dehydriert) und setzte sie an eine sichere Stelle. Am nächsten Tag war sie verschwunden. Ich hoffe, sie ist wieder in die Nacht entflogen.

Alpenfledermaus – murciélago montañero
Hypsugo savii ssp. darwini (end. kan. / H, P, G, T, C)

Eine kanarische Unterart, die wie die Madeira-Fledermaus zu den Zwergfledermäusen gehört. Sie unterscheidet sich von dieser durch längeres Fell. Die Oberseite variiert farblich von gelb- bis dunkelbraun mit goldenen oder kastanienfarbigen Spitzen, bei manchen Tieren ist sie komplett dunkel. Die Unterseite viel heller, grauweiß bis gelblich. Die Ohren der Alpenfledermaus sind rundlicher und breiter. Sie hat eine Körpergröße von 4-5,4 cm, ca. 22 cm Spannweite und wiegt etwa 5-9 g.

Familie: Glattnasen
Vorkommen: Von Küstennähe bis 2150 m

→ Sie wird manchmal von Schleiereulen gefressen. Auch Windräder können ihr gefährlich werden

Gefährdet. Speziell geschützt

Kanaren-Langohr – „orejudo"
Plecotus teneriffae (end. kan. / H, P, T)

Die langen Ohren sind ihr Erkennungsmerkmal.
Bei einer Körpergröße von 4-4,6 cm sind die Ohren mit 4 cm wirklich enorm. Ihr Fell ist dunkelbraun.
Die Langohr-Fledermaus verschläft den Tag in feuchten Höhlen oder Vulkanröhren. Sie hält Winterschlaf.

Familie: Glattnasen
Vorkommen: Von 100-2300 m

Gefährdet. Speziell geschützt

Europäische Bulldoggfledermaus – murciélago rabudo
Tadarida teniotis (nicht end. / H, P, G, T, C)

Die „zerknautschte" Oberlippe und die großen, ins Gesicht ragenden Ohren sind der Grund für den deutschen Namen. Der spanische Name „geschwänzte Fledermaus" bezieht sich auf den hervorstehen Schwanz.
Diese Fledermaus ist eine der größten Europas. Sie erreicht eine Körpergröße von 8,2-8,7 cm, die Spannweite beträgt ca. 41 cm und sie wiegt zwischen 25 und 50 g. Ihr sehr kurzes Fell ist variiert von schwarzgrau bis braungrau, das Bauchfell ist heller.

Familie: Bulldoggfledermäuse
Vorkommen: Küstennah bis 2000 m

Gefährdet. Speziell geschützt

Kleiner Abendsegler – murciélago nóctulo
Nyctalus leisleri (nicht end. / P, T)

Diese Fledermausart lebt auf beiden Kanareninseln nur in einzelnen Populationen, bevorzugt in den Lorbeerwäldern. Sie erreicht eine Körpergröße von 5,4-6,5 cm und wiegt zwischen 13 und 18 g. Ihr kurzes, dichtes Fell ist auf dem Rücken mehrfarbig, dunkelbraun mit hellen Spitzen, auf der Bauchseite heller.
Die Kleinen Abendsegler leben in kleinen Kolonien und im Juni werden 2 Jungtiere pro Weibchen geboren. Zu ihrer Nahrung gehören wirbellose Tiere, die zu den Waldschädlingen zählen.

Familie: Glattnasen
Vorkommen: Im Norden und Nordosten der Insel in Lorbeer- und Kiefernwäldern (alte Baumbestände)

Lt. IUCN (Weltnaturschutzunion) noch nicht gefährdet. Lt. CENTINELA speziell geschützt

Garafianischer Hirtenhund – „perro pastor garafiano"

Canis lupus familiaris (einheimische Hunderasse La Palmas)

Foto: Michael Stumpf

Vermutlich entstand die Rasse aus einer Mischung der bereits auf der Insel lebenden Hunde und den ab dem 15. Jahrhundert von Siedlern eingeführten. Die Gemeinde Garafía im Nordwesten der Insel gibt der Rasse den Namen. Über Jahrhunderte hat dieser Hütehund die Ziegen- und Schafhirten mit ihren Herden von der Küste bis auf die höchsten Gipfel begleitet. Der Körperbau erinnert an den Altdeutschen Schäferhund. Schnauze im Verhältnis zum Schädel kurz. Nase immer schwarz. Ohren aufrecht oder die Spitzen leicht nach vorne geklappt. Aufmerksamer, intelligenter Blick aus honigfarbenen Augen.

Widerristhöhe / Gewicht:
Rüden 54-60 cm / 24-31 kg
Hündinnen 50-56 cm / 18-25 kg
Fell: Lang, Farbe sehr variabel, Basis sandfarben (aber nicht wie der schwarze von La Palma, sondern hell-gelblich), Spitzen anders gefärbt. Manche Tiere sind hell, andere rötlich, wolfsfarben oder fast schwarz
Schwanz: buschig
Lebenserwartung: 12-14 Jahre

→ In den 1960er Jahren war die Rasse stark gefährdet. Durch Kreuzungen mit eingeführten Deutschen Schäferhunden wandelte sich der sanfte Charakter der Tiere und sie wurden den Ziegen gegenüber aggressiv. Dank des Einsatzes von Don Antonio Manuel Díaz Rodríguez und der heutigen „Asociación Española del Perro Pastor Garafiano" gelang die Rückzucht des Garafianischen Schäferhundes. Von der FCI (Weltorganisation der Kynologie) ist der Schäferhund noch nicht anerkannt. In der Real Sociedad Canina de España gilt er als eigene Rasse. Heute ist der sanfte garafiano ein beliebter Familienhund.

Vorkommen: Auf der ganzen Insel

Foto: César Cabrera Varga

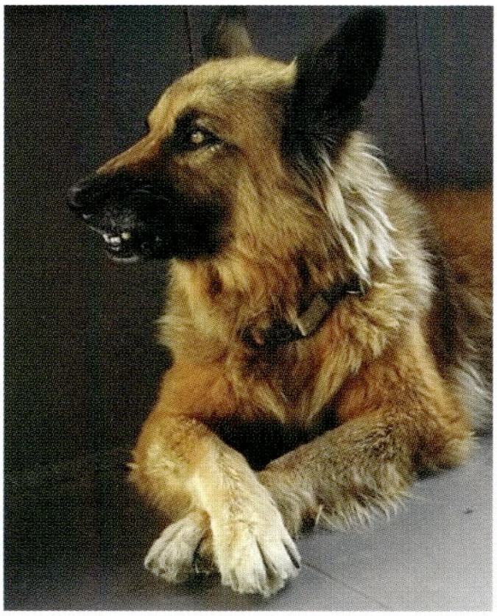

So vielfältig ist die Rasse.

Roger P. Frey, Luna und Tali. 2022 gewann Luna (links) zufällig einen Pokal. Eigentlich wollten wir uns die Veranstaltung n ansehen. Da sagte jemand, die Hunde könnten sich doch auch präsentieren. Und, zu aller Überraschung: Luna gewa den ersten Preis der Schau „Pastor Garafiano" anlässlich der Bajada de la Virgen in El Paso in der Kategorie „Intermedia Hembra".

Kanarische Dogge – „presa canario"

Canis lupus familiaris (einheimische kanarische Hunderasse)

Foto: Clemente Reyes

Der Anblick der muskulösen Kanarischen Dogge mit ihrem kräftigen Kiefer und den beeindruckenden Zähnen ist Respekt einflößend. Sie hat einen quadratischen Kopf mit einem breiten Schädel. Ihre Vorfahren waren als Hüte- und Wachhunde im Einsatz.

Die Hunde haben eine tiefe Stimme, einen ungestümen Charakter und schauen mit aufmerksamem Blick. Innerhalb ihrer Familie sind sie zutraulich und gutmütig, Fremden gegenüber misstrauisch.

Schulterhöhe / Gewicht:
Rüden 61-66 cm / 45-57 kg
Hündinnen 57-62 cm / 40-50 kg
Fell: kurz, glatt, gestromt von dunkel über grau bis beige.
Ohren: hoch angesetzt. Bis Anfang 2018 durften sie kupiert werden, jetzt dürfen sie herunterhängen
Schwanz: kräftig, zur Spitze schmaler
Lebenserwartung: ca. 9-11 Jahre

Vorkommen: Auf der ganzen Insel. Meist als Bewacher von Haus, Garten und Plantagen. Auf Viehmesse, bei Rassehunden-Wettbewerben

Kanarischer Podenco – „podenco, podenco canario"

Canis lupus familiaris (Kanarische Hunderasse)

Er ist der beste Jagdhund der Inseln. Außerhalb der Jagdsaison werden die Tiere von den Jägern meist in Rudeln in Zwingern gehalten. Während der Saison der „caza menor", der Niederwildjagd, werden sie in Käfigen auf den Ladeflächen der Pick-ups zum Jagdgebiet gefahren. Die Hunde haben einen hervorragenden Geruchssinn, eine ausgeprägte Sehkraft und ein sehr feines Gehör. Sie können ein Kaninchen selbst in einer Vulkanröhre ausmachen. Es gibt auch bestimmte Gebiete in den Wäldern, in denen die ausdauernden Jagdhunde ausgebildet werden. Da stehen dann Schilder „zona de adiestramiento de perros" und ein Hundesignal.

Aber keine Angst, die Podencos sind lebhaft, aber nicht aggressiv.
Der mittelgroße Hund fällt durch gut sichtbare Rippen und lange Beine auf. Der Körperbau ist länglich, Hüftknochen und Muskeln sehr gut sichtbar. Kopf länglich mit spitz zulaufender Schnauze. Nase in ähnlichen Brauntönen wie Fellfarbe. Ohren groß, im Ansatz breit, oben spitz, als Zeichen der Aufmerksamkeit aufgerichtet. Ergebener, intelligenter Blick aus helleren oder dunkleren bernsteinfarbenen Augen.

Schulterhöhe / Gewicht Rassestandard:
Rüden 55-64 cm / 20-24 kg
Hündinnen 53-60 cm / 16-20 kg
Fell: kurz, glatt, anliegend, rot mit weiß in allen Kombinationen, von fuchsfarben bis mahagonirot. Es gibt auch außergewöhnliche Farbmischungen und schwarz (früher galten schwarze Hunde als „teuflisch").
Schwanz: Spitz zulaufend, tief angesetzt, hängend oder sichelförmig nach oben gerichtet
Lebenserwartung: 12-14 Jahre

→ Wer einen Podenco als Haushund möchte, muss Platz und/oder Zeit für sehr viel Auslauf und Spiel einplanen

Vorkommen: Auf der ganzen Insel. Manchmal auch als Haushund

Jagdsaison

Die Jagd ist auf den Kanaren eine wichtige Freizeitbeschäftigung. Sie ist tief verwurzelt, denn Generationen haben bereits Kaninchen und Tauben nachgestellt. Fast alle zur Jagd freigegebenen Tiere wurden nur zu diesem Zweck auf die Inseln eingeführt.
Seit den 1970er Jahren gibt es die Kleinwild- und die Hochwildjagd. Je nach Beutetier geht es in der Saison mit Jagdgewehren, Podencos, Ratoneros und/oder Frettchen auf die Pirsch. Natürlich müssen die Jäger auch auf La Palma einen Waffen- und Jagdschein haben. Außerdem gibt es strenge Vorschriften für das Mitführen der vierbeinigen Jagdhelfer.

Frettchen

Niederwildjagd

Sie findet in bestimmten Gebieten zwischen Anfang August und Anfang Dezember statt. Immer donnerstags und sonntags, von Sonnenaufgang bis Sonnenuntergang. An Feiertagen ist das Jagen verboten, außer am 12.10. Es werden Kaninchen, Rothühner, Felsen- und Turteltauben erlegt. Lorbeertauben sind streng geschützt. Seit September 2023 ist mit Inkrafttreten des neuen Tierschutzgesetzes das Schießen von verwilderten Haustieren wie Hunden, Katzen oder Frettchen verboten.

Alle Fotos der Podencos und zur Jagd: Daniel González Hernández

Der Kanarische Podenco apportiert nicht nur geschossene Kaninchen. Er spürt sie auf und kann sie sogar im Lauf fangen. Der kleinere Ratonero ist für die Arbeit zwischen Felsspalten und an den Bauten bestens geeignet.

Hochwildjagd

Hier geht es um den Abschuss von Mähnenspringern. Sie wurden Anfang der 1970er-Jahre als Jagdwild eingeführt und haben sich in der Caldera so stark vermehrt, dass sie der Vegetation gefährlich wurden und, obwohl sie eine geschätzte Tierart sind, hier gejagt werden dürfen. Zur Saison zwischen Juni und Dezember reisen sogar Jäger von Nachbarinseln oder dem spanischen Festland an. Um an dem Jagdereignis teilzunehmen, braucht es spezielle Genehmigungen, die rechtzeitig beantragt werden müssen.
Die Jagd darf nur in Trupps, nur samstags und in speziell dafür freigegebenen Gebieten erfolgen. Die zeitliche Reihenfolge der ca. 35 Gruppen wird ausgelost.

Ratonero – „ratonero"
Perro Ratonero Palmero (Ethnische Gruppe lt. RSCE*)

Foto: Antonio Luis Morales Pérez

Die Vorstufe zur Anerkennung als einheimische Rasse hat der quirlige Vierbeiner dank des jahrelangen Einsatzes des Verein ARPE** geschafft. Der Ursprung des Ratonero liegt ca. 120 Jahre zurück, als englische Händler zur Bekämpfung von Ratten und Mäusen kleine Terrier nach La Palma mitbrachten.

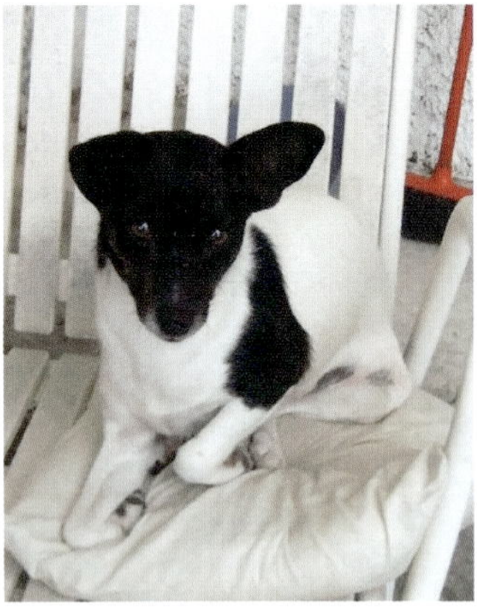

Freilaufend mischten sie sich mit den einheimischen kleinen Hunden und bald entstand eine neue Rasse. Schon ein Blick in die runden, ausdrucksstarken Augen verrät das fröhliche und lebhafte Wesen der Hunde. Der Ratonero ist innerhalb seiner Familie gutmütig und anhänglich (besonders bei Kindern), wachsam, Fremden gegenüber etwas misstrauisch und sein Jagdinstinkt ist weiterhin vorhanden (Ratten, Mäuse).

*RSCE = Real Sociedad Canina Española
**ARPE = Asociación del Perro Ratonero Palmero

Widerristhöhe / Gewicht:
32-40 cm / 5-10 kg (je nach Geschlecht)
Fell: kurz, glatt, zweifarbig gefleckt (weiß-schwarz, weiß mit hellen Brauntönen); manche weiß-schwarzen Tiere dreifarbig (mit kleinen zimtfarbenen Flecken an Wangen und den Augen)
Schwanz: von Natur aus kurz, manchmal lang (früher wurde er beschnitten)
Schlappohren

→ Der Ratonero ist eine sehr gute Unterstützung für die Podencos bei der Kaninchenjagd

Vorkommen: Auf der ganzen Insel verteilt. Bei Viehmessen oder Canicross sind die Hunde oft zu sehen

Wildkaninchen – „conejo silvestre"

Oryctolagus cuniculus (nicht end. / alle Inseln)

Das Wildkaninchen stammt aus Südeuropa und Nordafrika, wurde jedoch schon im 15. Jahrhundert auf den Kanarischen Inseln eingeführt und ausgesetzt. Ich vermute, es war schon damals als Jagdbeute gedacht.
Leider richten die Langohren viel Schaden an. Sie fressen Blätter, Samen, Wurzeln usw. und knabbern auch gern an endemischen Pflanzen, zarten Weintrieben und verschiedenen Gemüsepflanzen.
Gejagt werden die Wildkaninchen aber nicht aus Wut, sondern zum Verzehr in der Familie des Jägers. Neben Jägern und Autofahrern sind Raben, Mäusebussarde und manchmal auch Schleiereulen eine Gefahr für die Kaninchen.
In Europa ist der Bestand stark zurückgegangen. Vor allem durch Virus- und andere Krankheiten, aber auch durch übermäßige Bejagung.
Gilt lt. IUCN als gefährdet.

Familie: Hasen
Gewicht: ca. 1,3 kg
Farbe: graubraun mit hellem Bauch

→ Auf La Palma gelten Wildkaninchen allerdings als Invasor. Kurioserweise gibt es trotzdem für sie Projekte zur Verbesserung der Populationen der jagdbaren Arten und der Wiederherstellung ihres Lebensraumes.

Vorkommen: Auf der ganzen Insel verteilt. Offene bis halboffene Landschaften von Meeresnähe bis in die Berge, im Lorbeerwald selten. Oft auf Wegen oder Feldern zu beobachten.

Foto: spain.inaturalist.org

Mähnenspringer, Berberschaf – „arruí"

Ammotragus lervia (nicht einheimisch, lebt in den Gebirgsregionen Nordafrikas)

Foto: Arrui por Henrya, spain.inaturalist.org

Diese Tiere haben Merkmale vom Schaf und von der Ziege. Sie stammen aus dem nördlichen Afrika und wurden in den 1970er-Jahren zu Jagdzwecken auf die Insel eingeführt. Schlecht für die einheimische Flora.
Aus ihrer Heimat sind die Tiere an Trockenheit und felsiges Gelände gewöhnt. Sie sind hervorragende Kletterer, passen sich extremen Temperaturen an und können mit sehr wenig Wasser auskommen. Die Mähnenspringer sind dämmerungsaktiv, scheu und leben zurückgezogen in den Bergen der Caldera de Taburiente oder hochgelegenen Wäldern. Einmal im Jahr findet die „caza mayor", die Hochwildjagd, statt, die nur auf sie ausgerichtet ist.
Vom Aussehen gleichen die Mähnenspringer einer kräftigen Ziege. Ihre Mähne aus langem Haar, beginnt an der Kehle, läuft über die Brust läuft, wo sie sich gabelt und an den Vorderbeinen fortgesetzt wird.
Die Hauptpaarungszeit der Mähnenspringer liegt zwischen September und November. Nach ca. 160 Tragzeit werden 1-2 Junge geboren. Sie

können wenige Stunden nach der Geburt ihrer Mutter folgen. Die Tiere leben in kleinen Gruppen.

Familie: Hornträger
Durchschnittliche Schulterhöhe / Gewicht / Hornlänge:
Männlich 1,12 m / 140 kg / 85 cm
Weiblich 1,00 m / 70 kg / 50 cm
Fell: dick und dicht. Von hellbeige bis rotbraun, schwarzer Streifen auf dem Rücken
Schwanz: relativ lang
Hörner: Beide Geschlechter tragen beeindruckende Hörner, die sich spiralförmig nach hinten biegen. Sie können bis zu 1 m lang werden und sind beliebte Jagdtrophäen
Lebenserwartung: 10-20 Jahre

→ Vom Aussterben bedroht, geschützt. Dies gilt jedoch nicht auf La Palma, dort werden die Tiere als invasiv eingestuft (Real Decreto 630/2013, de 2 de agosto, por el que se regula el Catálogo español de especies exóticas invasoras). Zwischen Juli bis in den Dezember wird auf sie deshalb die „caza mayor" veranstaltet.

Vorkommen: Gebiet der Caldera de Taburiente, hochgelegene Wälder bei Garafia

Palmerisches Rind – „vaca palmera"

Bos Taurus (raza bovina palmera, einheimische Rasse der Insel La Palma)

Asoc. El Frescal, traditionelle Weizensaat. Foto Juan Ramón Pedrianes

Ihre Vorfahren, das Gallizische Blondvieh, kamen erst nach der Eroberung durch die Spanier auf die Insel.
Einst als Arbeitstier, Milch- und Fleischlieferant geschätzt, wurde sie später viel durch ausländische Rinderrassen ersetzt. Diese wachsen schneller und geben mehr Milch. In den letzten Jahren ist der Rinderbestand auf La Palma sehr zurückgegangen.

Foto: Michael Stumpf

Dank einiger Viehzüchter und der Landwirtschaftsabteilung der Inselregierung, die die kräftigen, umgänglichen und gehorsamen Tiere wertschätzen, konnte die einheimische Rasse überleben. Inzwischen wird auch die sehr gute Fleischqualität geschätzt.

Die Palmerischen Rinder sind robust gebaut, gut proportioniert und haben ein gradliniges Profil. Ihre Augen sind klein mit fleischfarbigen Lidern und hellen Wimpern. Der Hals der Stiere ist sehr muskulös.

Auf Viehmessen kann man die Schönheit und Kraft der Tiere bewundern.

Durchschnitt Widerristhöhe / Gewicht:
Stiere 1,40 m / 875 kg
Kühe 1,33 m / 525 kg
Fellfarbe: cremeweiß bis hellrötlich
Hörner: Kühe nach vorne, sowie leicht nach oben und außen gebogen
Stiere kürzer als die der Kühe, nach oben gerichtet

Vom Aussterben bedroht

Vorkommen: In enger Zusammenarbeit mit der Versuchsfarm der Inselregierung (Granja Experimental, Garafía) gibt es wenige Viehzüchter, die diese Rasse erhalten. Abhängig von der Jahreszeit auf verschiedenen Weiden bei El Paso, Garafía und den Altos de Mazo zu sehen. Auf Viehmessen (feria de ganado) erinnert das Viehziehen (arrastre de ganado) an den Einsatz als Arbeitstiere.

Palmerisches Schaf – „oveja palmera"
(Einheimische Rasse der Kanarischen Inseln, derzeit nur auf La Palma)

Bei dem Bestand von nur noch rund 200 Tieren ist es eine Herausforderung an die Züchter, die Rasse vor dem Aussterben zu bewahren und dabei die genetische Vielfalt zu erhalten, damit die Rasse nicht durch Inzucht verschlechtert wird.

Das von La Palma stammende Schaf hat einen langgestreckten Kopf und lange Ohren. Die Aue (weibliches Schaf) hat ein gerades Profil, der Bock ein nach außen gewölbtes. Hörner trägt nur er. Sie sind spiralförmig.

Die Tiere haben einen geraden Rücken, kräftige Läufe und unpigmentierte Hufe. Sie sind dem palmerischen Gelände perfekt angepasst.

Früher wurden Wolle, Milch und Fleisch der Tiere genutzt, heute nur noch das Fleisch.

Gewicht: Bock 55 kg / Aue 45 kg
Farbe: weiß, manchmal mit Flecken am Kopf. Wolle weiß, dick und rau (lt. Rassekatalog)

→ Die Rasse wird dank des Zuchtvereins ACOVEPAL (Asociación de Criadores de Oveja Palmera), der Versuchsfarm der Inselregierung (Granja Experimental, Garafía) und einiger Züchter erhalten. Eigentlich wären diese Schafe ideal, um durch Abgrasen ausgewiesener Flächen oder Brandschneisen Waldbränden vorzubeugen oder zumindest die unkontrollierte Ausbreitung des Feuers zu verhindern.

Stark vom Aussterben bedroht.

Vorkommen: Im Norden der Insel. Garafía (San Antonio del Monte Granja Experimental). Am besten auf einer der Viehmessen (Fería de ganadería) zu sehen.

Schwarzes Kanarisches Schwein – „cerdo negro, turro"

(Einheimische Rasse der Kanarischen Inseln, alle Inseln, hauptsächlich T, C)

Schon weit vor der Eroberung durch das Königreich Kastilien lebten seine Vorfahren auf den Kanaren. Danach mischten sie sich mit britischen und vom spanischen Festland stammenden Schweinen.
Die ruhigen, kräftigen Tiere sind perfekt an Klima und Beschaffenheit der Inseln angepasst. Sie haben viele Hautfalten, eine Wamme (Doppelkinn) und sehr lange Ohren, die manchmal bis zur Schnauze reichen.

Kreuzhöhe / Gewicht: Eber 81,9 cm / 90 kg
(lt. Rassekatalog) Sau 78,2 cm / 70 kg
Schlachtgewicht Durchschnitt 130-160 kg
Fell: schwarz mit langen, kräftigen Borsten

Vom Aussterben bedroht. Die Rasse wurde dank der Versuchsfarm der Inselregierung (Granja Experimental, Garafía) und einigen Züchtern erhalten. Das Fleisch ist in einigen Fleischereien der Insel zu bekommen

Vorkommen: Auf der Insel verteilt. Garafía (San Antonio del Monte, Granja Experimental)

Palmerische Ziege – „cabra raza palmera"
(Einheimische Rasse der Insel La Palma, P, T)

Der Ursprung dieser Rasse geht auf die vorspanische Bevölkerung der Insel zurück. Da La Palma ein Durchgangsort auf den Segelrouten nach Amerika und stark mit Portugal verbunden war, wurde die palmerische Ziege stark von den Rassen des Südwestens der Iberischen Halbinsel beeinflusst. Die gut proportionierten Tiere haben sich perfekt an die felsigen Steilhänge der Insel angepasst.

Kreuzhöhe: ca. 70 cm
Fellfarbe: Grundfarbe rötlich mit sehr unterschiedlichen Schattierungen, manche Tiere haben Fellhosen, Bärte und sehr ausgefallene Haarschöpfe
Hörner: Geißen und Böcke haben Hörner. Die der Böcke sind groß und sehr unterschiedlich spiralförmig gedreht

→ Ihre Milch ist von bester Qualität und proteinreicher als die von anderen Rassen. Verschiedene Ziegenfarmen halten die Tiere, um in ihren Käsereien in Handarbeit den exzellenten palmerischen Ziegenkäse (queso de cabra) mit geschützter Ursprungsbezeichnung

(Denominación de origen = D.O.) herzustellen. Er ist aus Rohmilch und in folgenden Sorten zu bekommen: mild und jung (tierno), halbreifer Schnittkäse (semicurado), reifer würziger Schnittkäse (curado), außerdem gibt es ihn auch geräuchert (ahumado).

Vom Aussterben bedroht. Der Verband Asociación de Criadores de Raza de Cabra Palmera setzt sich für die Zucht der Tiere nach inseltypischen Bräuchen ein.

Vorkommen: Garafía (San Antonio del Monte), verschiedene Farmen und Käsereien über die Insel verteilt

Vögel

Die Artenvielfalt der Vögel hat leider durch die Umstellung der Landwirtschaft (z. B. im letzten Jahrhundert von Getreide auf Tabak), den Einsatz von Ratten- und Insektengiften, durch die vom Menschen mitgebrachten Katzen, Ratten und den Verlust von Lebensräumen durch Land- und Bauwirtschaft abgenommen. Auch der Besuch von Zugvögeln wie Schwalben und Wiedehopfen hat extrem nachgelassen. Trotzdem brüten noch immer über 50 Vogelarten auf der Insel.

Zugvogelarten aus drei Kontinenten rasten oder überwintern auf La Palma. Die Salinen von Fuencaliente sind dann ein guter Beobachtungsplatz. Bei Unwettern kann es vorkommen, dass Tiere von ihren gewohnten Routen abgedrängt werden und auf der Insel Zuflucht finden.

Ganzjährig sind vor allem in den Wäldern u. a. der palmerische Buchfink, Blaumeisen und Goldhähnchen unterwegs. Fliegende Schätze sind die beiden Lorbeertaubenarten. In den niedrigeren Lagen gibt es Singvögel wie Grasmücken und Zilpzalpe; verschiedene Greifvögel halten nach Beute Ausschau. Der vom Aussterben bedrohte Kanarische Rabe hat feste Lieblingsplätze, an denen er sich gut fotografieren lässt. Die Alpenkrähe „graja“ ist der Symbolvogel der Insel. Von Februar bis November kommen die Sepiasturmtaucher zum Brüten auf die Insel. Ihre seltsamen nächtlichen Rufe haben schon manchen verwundert.

Birdwatching-Stationen mit Schautafeln und Aussichtsfernglas gibt es an folgenden Plätzen: El Paso – Llano de las Cuevas

San Andrés y Sauces – Aussichtspunkt Mirador Jardín de las Hespérides (an der LP-1)

Barlovento – an den Naturschwimmbecken La Fajana und am Aussichtspunkt oberhalb der Lagune

Fuencaliente – obere Terrasse des Restaurant Jardín de la Sal

Beobachtungsplatz Nähe Besucherzentrum Caldera de Taburiente, El Paso

Alpenkrähe von La Palma – „graja"

Pyrrhocorax pyrrhocorax barbarus (La Palma, Marokko, Algerien)

Der Symbolvogel der Insel La Palma ist an seinen roten Beinen und Füßen sowie dem langen, leicht gebogenen roten Schnabel zu erkennen. Einen eigenen deutschen Namen habe ich nicht für diese Unterart der Alpenkrähe gefunden, eigentlich nennt sie jeder graja (auf Deutsch mit hartem ch gesprochen: gracha).

Die Vögel leben gern in Gruppen und manchmal landen lärmende, kleine und auch große Scharen von ihnen auf einem Feld oder lassen sich auf einem Feigenbaum nieder, um die Fruchtreife zu testen. Auf dem Speisezettel stehen Regenwürmer, Insekten und ihre Larven, Eidechsen. Manchmal fressen sie Obst oder Aas.

Grajas sind ausgezeichnete Flugakrobaten und haben keine Angst, ihr Revier gegen Falken oder Mäusebussarde zu verteidigen.

Familie: Rabenvögel
Körperlänge: ca. 39 cm / Spannweite 73-90 cm
Gefiederfarbe: glänzend schwarz, manchmal mit blauem und grünem metallischem Schimmer
Bein und Füße: rot (bei Jungtieren heller)
Schnabel: schmal, lang, rot, leicht gebogen (bei Jungtieren gelb)

Brutzeit März-April; 4-5 Eier nur 1x im Jahr; Nest in Kolonien in Felswänden, Spalten und Löchern von Barrancos. Manche Paare leben auch allein und nisten z. B. jahrelang auf hohen Palmen in Gärten. Brutdauer ca. 18-21 Tage, Nestlinge ca. etwas mehr als 1 Monat.

Foto: Kike Navarro

→ Im Wappen der Gemeinde Puntallana ist der Vogel dargestellt, da er lt. einer Legende dort zuerst auftauchte und sich von dort auf der Insel ausbreitete.

Speziell geschützt

Vorkommen: Inselweit. El Paso (Caldera de Taburiente, Llano de las Cuevas, Nähe Cumbrecita); auch auf dem Roque de los Muchachos. Dichte Wälder mögen die Grajas nicht.

Kanaren-Blaumeise – „herrerillo, cencerro"

Cyanistes teneriffae palmensis (end. La Palma)

Von der Blaumeise haben sich auf den Kanaren verschiedene Unterarten entwickelt. Eigentlich leben sie in den Wäldern, im Winter kommen sie auch gern in tiefere Lagen.

Familie: Meisen
Größe: bis 12 cm lang (Weibchen etwas kleiner)
Farbe: Rücken blaugrau, glanzlos; Brust gelb, Bauch weiß; Schwungfedern mit schmalem, weißem Rand
Brutzeit Jan.-Juni; 3-5 Eier; Nest in Bäumen oder Mauernischen; Brutdauer ca. 14 Tage, Nestlinge ca. 16-22 Tage

Speziell geschützt

Vorkommen: Waldgebiete, besonders Kiefernwald, Gärten mit Baumbestand.

La Palma-Buchfink – „pinzón, chiri-chiri"
Fringilla canariensis palmae (nur La Palma)

Foto: Juan M. Castro

Seit 2021 sind die die Kanaren-Buchfinken als eigene Art anerkannt. Da die Vögel nicht zwischen den Inseln hin- und herfliegen, haben sich zusätzlich Unterarten bilden konnten.
Die Nester baut dieser Singvogel aus Flechten, Moos, Federn u. ä.
Der La Palma-Buchfink ist sehr neugierig und gut zu beobachten. Er frisst die Beeren und Samen verschiedener Bäume des Monteverde, Kiefernsamen, verschiedene Arten wirbelloser Tiere und pickt an beliebten Picknickplätzen oder Wanderwegen nach Proviantresten.

Familie: Finken
Größe: 17-17,5 cm lang
Farbe: Männchen Rücken blaugrau; Bürzel schiefergrau; Gesicht, Hals und Brust falb-bis rosafarben; Bauch hell; Schwungfedern dunkel mit grüngelben Seitenrändern; Flügeldecken schwarz mit weißer Zeichnung.
Weibchen unauffälliger, olivgrau und hellbraun
Brutzeit April-Juli; 2-5 Eier; Nest in Kastanien-, Lorbeer-, Kiefernbäumen etc.; Brutdauer ca. 13-15 Tage,
Nestlinge ca. 14-16 Tage

Speziell geschützt

Vorkommen: Waldgebiete bis 1500 m Höhe, Gärten mit Baumbestand, vor allem Zentrum und Norden der Insel, im Süden-Südwesten selten. Gut in San Andrés y Sauces (Los Tilos) oder El Paso (Refugio El Pilar) zu beobachten.

Flussseeschwalbe – „charrán común"

Sterna hirundo (nicht end. / H, LP, G, T, F)

Foto: OceanExplorer

Auf La Palma brüten einige Exemplare der Flussseeschwalbe und ziehen danach vermutlich nach Afrika.

Familie: Möwenverwandte
Größe: 31-35 cm lang / Spannweite 75-85 cm
Farbe: weiß bis hellgrau; im Frühling schwarze Kappe und Nacken (im Winter Stirn weiß),
Schnabel: im Sommer rot mit schwarzer Spitze, sonst schwarz
Beine: rot
Schwanz: gegabelt
Brutzeit April-Juli; 2-3 Eier; Nest an abgelegenen Küstenfelsen; Brutdauer ca. 23 Tage, Nestlinge ca. 3-4 Wochen

→ Normalerweise brüten die Flussseeschwalben in Kolonien, ob das auch für La Palma gilt, ist mir unbekannt.

Vorkommen: An der Küste.
Bei Puerto de Tazacorte.

Samtkopfgrasmücke – „capirote ojos de fuego, curruca cabecinegra"

Sylvia melanocephala ssp. leucogastra (end. mak. / alle Inseln)

Von den 3 auf den Kanarischen Inseln vorkommenden Grasmückenarten fällt diese durch die roten Augenringe auf. Der lebhafte Vogel verdankt seinen palmerischen Namen der dunklen Kappe (capirote) und den feurigen Augen (ojos de fuego).
Er ernährt sich von Insekten und ihren Larven, Maden, Spinnen, Früchten und Beeren.

Foto: Kike Navarro

Familie: Grasmückenartige
Merkmal: die roten Augenringe (beim Männchen kräftiger gefärbt als beim Weibchen)
Größe: bis 13 cm lang
Farbe: Männchen auffallend roter Augenring; schwarze Kappe bis weit unter die Augen; weiße Kehle; oberseits grau, unterseits weißlich; Schwanz schwarz mit etwas weiß
Weibchen Kappe grauer; Augenring weniger rot

→ *capirote* werden auch die hohen spitzen Hüte der Teilnehmer bei den Osterprozessionen genannt

Speziell geschützt

Vorkommen: Auf der ganzen Insel tiefere bis mittlere Höhenlagen mit viel Gebüsch

Kanarengirlitz – „pájaro canario"

Serinus canarius (end. mak. / alle Inseln, F+L selten + Madeira, Azoren)

Er ist eines der Symbole der Kanarischen Inseln und der Urvater des als Haustier gehaltenen Kanarienvogels.

Nach der Eroberung der Kanarischen Inseln Ende des 15. Jahrhunderts brachten Spanier die ersten Kanarengirlitze nach Europa. Es waren vor allem die männlichen Tiere, die wegen ihres Gesangs in Käfige gesperrt wurden. Inzwischen gibt es Zuchtformen unterschiedlicher Farben und zimtfarbene, orangegelbe, scheckige und getigerte – und natürlich die berühmten gelben Kanarienvögel. Die in ihrer Heimat wild lebenden Tiere haben ihr ursprüngliches Aussehen erhalten und werden im Gelände oft nicht als die Urform der Meistersinger erkannt.

Die Vögel fressen Samen verschiedener einheimischer und angebauter Pflanzen, zarte Triebe, Obst (am liebsten Feigen) und trinken Nektar z. B. von den Blüten der Amerikanischen Agave.

Familie: Finken
Größe: bis 12-12,5 cm lang
Gefieder:
Männchen überwiegend gelbgrün, Rücken schwarzbraun gestreift;
Unterseite gelbgrün; Kopf grüngelb und dunkel gezeichnet
Weibchen weniger gelb, mehr bräunlich; Gesicht weniger gezeichnet;
Unterseite zartgelb
Schnabel: kurz und kräftig
Brutzeit Jan.-Juli; 3-5 Eier; Nest Sträuchern und Bäumen;
Brutdauer ca. 13 Tage, Nestlinge ca. 17-18 Tage

→ Als „Harzer Roller" retteten die wegen ihres schönen Gesangs gezüchteten Tiere vielen Bergleuten und Rettungstrupps das Leben. Meist wurden Weibchen mit in die Gruben genommen, weil sie nicht so schön singen. Die Tiere regieren sehr empfindlich auf Giftgase und Sauerstoffmangel. Wenn die Kumpel sahen, dass die Vögel matt wurden oder von der Stange fielen, wussten sie, dass sie die Stollen verlassen mussten, weil auch ihr Leben in Gefahr war.

Speziell geschützt

Vorkommen: Auf der ganzen Insel, Küste bis 2000 m Höhe, überall wo es Bäume und Sträucher gibt. Kiefernwald, Monteverde, Barrancos, Gärten und Plantagen.

Lorbeertaube – „paloma rabiche, paloma rabil"

Columba junoniae (end. kan. / H, LP, G, T, GC?)

Dieser Lorbeertaube begegnet man häufiger als Bolles Lorbeertaube, die nicht gern aus dem Schutz des dichten Waldes kommt. Sie kommt auch in Gärten, Plantagen und an baumbestandene Wanderwege. Manchmal stürzt sie rasend schnell in einen Barranco hinab. Neben den typischen Früchten des Lorbeerwaldes bedient sich der Vogel in etwas tiefer gelegenen Gebieten auch an Früchten und Samen von Feldern und Gärten. Ihr Ruf ist ein gutturales „hu-hu".

Früher wurde die Taube stark bejagt, das ist heute streng verboten.

Familie: Tauben
Größe: 39-40 cm lang, Flügelspannweite: 64-67 cm
Farbe: Oberseite graublau; Brust und Bauch rötlich-braun; Kopf und Nacken grau mit metallisch grün-blauem Schimmer; Weibchen etwas weniger rötlich; Schwanz hellgrau mit weißer Endbinde (am besten im Flug zu erkennen)
Schnabel: orange, zur Spitze gelber
Auge: Iris orange
Brutzeit Ende April; meist nur 1 Ei; Nest auf gut bewachsenen Simsen und Felsklippen; Brutdauer ca. 19 Tage, Nestling ca. knapp 1 Monat

→ Die Taube war auf Gran Canaria um das Jahr 1920 verschwunden. Vermutlich wegen fehlender Lebensräume. Seit 2012 wurden über 300 Zuchtexemplare in kurzen Abständen ausgewildert (sie sind Einzelgänger). Einige davon stammen von La Palma.

Speziell geschützt

Vorkommen: Lorbeerwald, Monteverde.
San Andrés y Sauces (Los Tilos), Puntallana /Cubo de La Galga), Barlovento (teils am Küstenwanderweg GR-130).

Bolles Lorbeertaube, Kanarentaube – „paloma turqué, torquesa"
Columba bollii (end. kan. / H, LP, G, T, CG?)

Bolles Lorbeertaube ist sehr scheu und meist hört man nur ihr heiseres Gurren im Lorbeerwald. Dort lebt sie am liebsten.
Die Vögel ernähren sich überwiegend von Früchten der dort wachsenden Bäume (Indische Persea, Kanarischer Lorbeer, Gagelbaum etc.) und knabbern ergänzend an frischen Zweig- und Blütentrieben.

Familie: Tauben
Größe: 35-39 cm lang, Flügelspannweite: 65-68 cm
Farbe: Körper Grundfarbe grau; Brust bordeauxfarben mit metallischem Schimmer in grün und rosa; erwachsene Männchen mit metallisch grünen und violetten seitlichen Halsflecken und im Genick.
Schnabel: rötlich mit oranger Spitze
Brutzeit Febr.-Juni; 2-mal je ein Ei möglich; Nest in Baumkronen; Brutdauer ca. 18-21 Tage, Nestling ca. 1 Monat

→ Die ersten Lebenstage ernährt sich der Nachwuchs von Taubenmilch. Sie wird von beiden Elterntieren in deren Kropf produziert (deshalb auch Kropfmilch). Die breiartige Masse besteht aus Wasser, Eiweiß und Fett und wird durch Hochwürgen übergeben. Außer Tauben ernähren auch Flamingos und Kaiserpinguine ihre Jungtiere mit Kropfmilch.

Speziell geschützt

Vorkommen:
Lorbeerwald,
Monteverde.
San Andrés y Sauces (Los Tilos), Puntallana /Cubo de La Galga).

Fotos: Juan C. Adam

Mäusebussard – „aguililla, ratonero"

Buteo buteo (nicht end. / alle Inseln)
Buteo buteo ssp. insularum (end. kan. / alle Inseln)

Die Unterart ist nur schwer zu unterscheiden, da der Mäusebussard an sich und je nach Alter sehr unterschiedliche Färbungen zeigt.
Es sind die größten Raubvögel der Insel (falls sich nicht doch die Anwesenheit eines Fischadlers bestätigt).
Trotz seiner Größe verteidigen Falken und auch die Palmerischen Alpenkrähen eindrucksvoll ihr Revier gegenüber dem Mäusebussard. Sie bevorzugen die gleichen Jagdgebiete, in denen sie nach Mäusen, Ratten oder auch nur Grashüpfern Ausschau halten.

Familie: Habichtartige
Größe 50-55 cm lang / Spannweite 1,20-1,40 m
Farbe: sehr variabel, Oberseite braun, Unterseite cremeweiß mit braunen Flecken; Flügel relativ kurz und breit; Schwanz oft im Fug gefächert
Schnabel schwarz mit gelblicher Nasenhaut; Augen: Iris braun;
Beine und Füße gelb
Brutzeit März-Mai; 2-3 Eier; Nest in Felswänden in Barrancos oder Steilküsten, Bäume; Brutdauer ca. 32-36 Tage, Nestlinge ca. 1,5 Monate.

→ Die Unterart *insularum* hat kürzere Flügel und einen etwas größeren Schnabel.

Speziell geschützt

Vorkommen: auf der ganzen Insel. Von der Küste über Barrancos, Kulturlandschaft bis in die Wälder.

Fotos: Kike Navarro

Mittelmeermöwe – „gaviota patiamarilla"

Larus michahellis ssp. atlantis (end. mak. / alle Inseln + Azoren, Madeira)

Foto: OceanExplorer

Woher ihr spanischer Namen *patiamarilla* = Gelbbein kommt, ist leicht zu erkennen.

Mich hat es immer gewundert, dass man auf La Palma so wenige Möwen sieht, doch seit ich nach Malpaíses in Mazo gezogen bin, weiß ich, wo es viele gibt. In der Nähe des Montaña de Azufre befindet sich die Mülldeponie der Insel und die Möwen finden sie fast so toll wie Fischschwärme.

Familie: Möwenverwandte
Größe 52-58 cm lang / Spannweite 1,35 m
Gefiederfarbe: Oberseite grau, Flügel mit schwarz-weißen Spitzen, restliches Gefieder weiß. Jungvögel und im Brutkleid variabel
Schnabel gelb mit rotem Punkt am Unterschnabel in der Nähe der Spitze
Beine und Füße gelb; Augen mit rotem Ring
Brutzeit Frühling; Nest auf unzugänglichen Felsen, Steilküsten; 2-3 Eier.
Brutdauer 25-30 Tage, Nestlinge ca. 6 Wochen

→ Die Möwen fressen kleine Fische, Krebstiere, Tintenfische, Abfall, überfahrene Tiere und leider auch manchmal die Eier anderer Vögel.

Vorkommen: Küstengebiet, Hafennähe, Mazo (Nähe Mülldeponie), Barlovento (Staubecken La Laguna).

Kanarischer Rabe – „cuervo, cuervo canario"
Corvus corax canariensis (end. kan. / alle Inseln)

Der einst häufig vorkommende Rabe wurde teils als Unglücksbringer und Schädling bejagt. Auch der Rückgang des freilaufenden Viehs (weniger Aas, da tote Tiere nicht mehr liegen gelassen werden dürfen), der Einsatz von Rattengift und Unfälle mit Stromleitungen haben den Bestand der intelligenten Vögel dramatisch reduziert.

Familie: Rabenvögel
Größe 55-64 cm lang / Spannweite 1,20 m
Gefiederfarbe: Von Kopf bis Schwanz schwarz glänzend.
Reflektiert manchmal metallisch grün und blau-violett
Schnabel schwarz, lang, kräftig, leicht nach unten gekrümmt
Beine und Füße schwarz, kräftig / Schwanz keilförmig

Foto: Helena Ahrendt

→ Als Allesfresser tragen die Raben zur Verteilung der Samen endemischer Pflanzen (z. B. Kanaren-Wacholder) bei. Auch wenn die Raben teils sehr zutraulich sind, bitte nicht füttern.

Vom Aussterben bedroht, streng geschützt. Laut einer gentechnischen Untersuchung des kanarischen Raben aus dem Jahr 2014 besitzen die Raben auf La Palma die größte genetische Vielfalt (nach César-Javier Palacios).

Vorkommen: Roque de los Muchachos, El Paso (La Cumbrecita), sowie weitere Plätze der Insel.

Schleiereule – „lechuza"
Tyto alba ssp. alba (end. mak. / H, LP, G, T, GC)

Der namensgebenden Schleier im Gesicht der Eule verstärkt ihr Gehör. Gut getarnt verbringt sie den Tag in einem sicheren Versteck. Mit der Abenddämmerung beginnt sie ihre Jagd auf Mäuse, Ratten, Insekten usw.
Schleiereulen findet man fast auf der ganzen Welt in gemäßigten, subtropischen und tropischen Zonen in verschiedenen Unterarten.

Foto: Juan C. Adam

Familie: Schleiereulen
Merkmal: sehr hell, herzförmiges Gesicht, macht merkwürdige Geräusche wie Zischen, Schnarchen, Bellen
Größe: 40 cm lang
Spannweite: 90-95 cm
Farbe: Oberseite goldbraun, schwarz, grau und weiß gesprenkelt, Unterseite weiß, Gesichtsschleier weiß, dunkle Zeichnung an den Augen, langbeinig
Brutzeit: März-Aug.; sie baut kein Nest, legt 2-3 Eier direkt in Fels- oder Mauernischen, Vulkanröhren, auf den Boden von verlassenen Gebäuden o. ä.; Brutdauer ca. 33 Tage, Nestlinge ca. 60 Tage, obwohl sie schon nach 1 Monat anfangen das Jagen zu üben.

→ Die zweite auf La Palma vorkommende Eulenart, die Waldohreule (Asio otus canariensis), ist durch das dunklere Gefieder und die auffälligen Federohren gut zu unterscheiden. Die Schleiereule ist selten zu erblicken.

Speziell geschützt

Vorkommen: Hauptsächlich im Westen und Osten der Insel in mittleren Höhenlagen. Gebiete mit Barrancos und Küstenklippen, landwirtschaftliche Zonen.

Waldohreule – „búho chico, coruja"
Asio otus canariensis (end. mak. / H, LP, G, T, GC)

Foto: Anne Müller

Bisher habe ich nur einmal eine Waldohreule aus der Nähe gesehen. Sie saß gegen Abend in einem Avocadobaum. Von weitem dachte ich, es wäre eine meiner Katzen. Leider flog der Vogel davon, bevor ich ein Foto machen konnte. Zur Aufzuchtzeit (Febr.-Juli) erklingen die Rufe der hungrigen Jungeulen als hohes fiependes „zieeh". Das ist ein gutes Zeichen, denn der Mäusebestand wird drastisch reduziert. Lautlos gleiten die Nachtraubvögel auf Beutesuche über offenes Gelände oder

Foto: Juan C. Adam

sitzen „mit gespitzten Ohren" auf einem Ast, um eine Maus zu orten. Die Eulen fressen auch kleine Vögel, Insekten (Käfer, Grillen) und Geckos, aber Ratten und Mäuse sind ihre Hauptbeute.

Familie: Eigentliche Eulen
Merkmal: auffällige Federohren; orangefarbene Augen
Größe: 31-35 cm lang (die kanarische Unterart ist kleiner als die vom Festland)
Spannweite: 84-95 cm, schmale Flügel
Farbe: Oberseite graubraun dunkel marmoriert, Unterseite etwas heller mit dunklen Längsstrichen; der Gesichtsschleier (er stärkt das Hörvermögen der Eulen) ist hell und kontrastiert mit der dunklen Zeichnung an den Augen
Brutzeit Jan.-Juli; 2-3 Eier; Nest in Bäumen und u. a. auf dem Boden zwischen den Säulen der Kanaren-Wolfsmilch; Brutdauer ca. 25-30 Tage, Nestlinge ca. 23-24 Tage

Speziell geschützt

Vorkommen: Auf der ganzen Insel, lichte Wälder, Barrancos, offenes Gelände, auch menschliche Umgebung in der Stadt und auf dem Land mit Palmen, alten Gebäuden etc.

Steinwälzer – „vuelvepiedras"
Arenaria interpres (nicht end. / alle Inseln)

Er kommt als Zugvogel vorbei oder verbringt sogar den Winter auf die Insel. Auf der Nahrungssuche pickt er nach Muscheln, Schnecken, Würmern. Um daran zu kommen, wendet er auch Steine um.

Familie: Schnepfenvögel
Größe 23 cm lang / Spannweite 50-55 cm
Farbe: im Winterkleid
Kopf, Oberseite und Brust
grau-braun;
Unterseite weiß
Schnabel: braun, leicht
nach oben gekrümmt

Vorkommen: An der Küste. Gut bei den Salinen von Fuencaliente zu beobachten.

Foto: Nicola Gehrke

Sepiasturmtaucher (früher Gelbschnabelsturmtaucher) – „pardela, pardela cenicienta"
Calonectris borealis (nicht end. / alle Inseln)

Wenn zwischen Ende Februar und Anfang November mit Beginn der Dämmerung an einigen Stellen der Insel seltsame Stimmen zu hören sind, kommen die Sepiasturmtaucher an Land. Normalerweise leben sie auf dem offenen Atlantik. Dank ihrer langen, schmalen Flügel gleiten sie dicht über die Meeresoberfläche und erbeuten in Tauchgängen Fische, Krebstiere und Tintenfische. Sie sind gesellige Vögel und bilden auch in den Brutgebieten Kolonien. Die Sepiasturmtaucher nisten hauptsächlich auf den Kanaren, Azoren und Madeira.

Familie: Sturmvögel
Größe 48-58 cm lang / Spannweite 1,12-1,26 m
Gefiederfarbe: Oberseite grau, Unterseite bis auf dunkle Flügelränder weiß. Schnabel gelb, an der Spitze schwarz, nach unten gebogen. Längs verlaufende Nasenröhren sitzen auf dem Oberschnabel. Dadurch scheiden sie das mit dem Meerwasser aufgenommene Salz aus
Beine und Füße: blassrosa mit Schwimmhäuten zwischen den vorderen Zehen
Brutzeit Mai-Juli; das einzige Ei wird auf schwer zugänglichen Stellen wie Klippen, Felseninseln, Vulkanröhren, Kaninchenbauten gelegt; Brutdauer ca. 53 Tage, Nestlinge ca. 3 Monate

→ Auf La Palma ist Dank des Gesetzes zum Schutz des Nachthimmels, auch die Lichtverschmutzung eingeschränkt. Eigentlich geht es dabei um das störungsfreie Arbeiten in den Observatorien, doch auch den Sturmtauchern hilft es sehr. Der erste Flug im Leben eines Sturmtauchers (Mitte Oktober-Anfang November) kann auch sein letzter sein. Besonders auf den großen Inseln blenden die vielen Lichter von Gebäuden, Autos usw. die Tiere. Sie verlieren die Orientierung und es kommt zu Unfällen

Fotos: OceanExplorer

Speziell geschützt. Bestand geht zurück. Gefährdet durch Langleinenfischerei, Katzen, Ratten, Wilderei, Unfälle durch zu starke Lichtquellen. Eierraub. Belästigung oder das Töten der Tiere werden streng bestraft! Mehrsprachige Notrufnummer, falls ein verunglückter Sturmtaucher gefunden wird (auch für andere aufgefundene verletzte Wildtiere und alle Notfälle): 112

Vorkommen: Küstengebiete der Insel. Man kann sie z. b. im Hafen von Puerto Espindola (San Andrés y Sauces) oder am Strand von La Salemera (Mazo) hören.

Fotos: OceanExplorer

Turmfalke – „cernícalo"

Falco tinnunculus canariensis (end. mak. / H, P, G, T, C)

Foto: Helena Ahrendt

Die kanarische Unterart des Turmfalken ist leicht zu beobachten. Der Greifvogel ist auf der ganzen Insel anzutreffen. Häufig steht er in seinem typischen Rüttelflug über offenem Gelände und hält nach Beute Ausschau. Mäuse, Eidechsen und Insekten stehen auf seinem Speisezettel.

Familie: Falkenartige
Größe 30-35 cm lang / Spannweite 70-80 cm
Gefiederfarbe: Männchen Rücken rostbraun mit schwarzen Flecken; Unterseite ocker bis leicht rötlich mit kleinen dunklen Flecken; Kopf blaugrau; Schwanz grau mit einer breiten schwarzen Binde. Weibchen Oberseite rostbraun mit dunklen Streifen (nicht getüpfelt), auch an Kopf und Schwanz
Brutzeit März-Juni; 4-6 Eier; Nest z. B. in Felswänden in Barrancos, auch in Kanarischen Palmen; Brutdauer ca. 28-31 Tage, Nestlinge ca. 22 Tage.

Foto: Andreas Lekmann

→ Der Vogel kommt auch auf Madeira und den Ilhas Selvagens vor.

Speziell geschützt

Vorkommen: Inselweit

Junge Falken am ersten Tag, nachdem sie das Nest verlassen haben. Foto: Michael Stumpf

Wintergoldhähnchen – „reyezuelo canario, reyezuelo sencillo“

Regulus regulus (nicht end. / H, LP, G, T)

Kanaren-Wintergoldhähnchen der westlichen Inseln – „reyezuelo canario, reyezuelo secillo“-

Regulus regulus ellenthalerae (end. Kan. / H, LP)

Goldhähnchen sind die kleinsten Vögel Europas. Auch diese beiden sind Winzlinge, die liebend gern in den Baumheiden nach Insekten picken und dort auch ihre Nester bauen.

Sie hüpfen lebhaft von Ast zu Ast und sind durch den gelben Fleck auf ihrem Kopf zu erkennen. Auch ihr Gesang mit den sehr hohen Tönen ist unverwechselbar. Das Goldhähnchen ist ein nützlicher Vertilger von kleinen Insekten, die er im Flug fängt, oder von Blatt-, Schildläusen u. Ä., die er von den Pflanzen pickt.

Familie: Goldhähnchen
Größe: 9-9,5 cm lang
Gefieder: Oberseite olivgrün, Unterseite schmutzig weiß. Beide Geschlechter haben eine gelbe Kappe, die von einem breiten Rand dunkler Federn umgeben ist.
Schnabel: dunkel
Brutzeit März-Juli; 4-6 Eier; Nest herabhängend z. B. von Kiefern- oder Baumheidezweigen; Brutdauer ca. 14 Tage, Nestlinge ca. 16-18 Tage

Foto:Juan M. Castro

Speziell geschützt

Vorkommen: Kiefernwald mit der Blättchenreichen Drüsenfrucht als Unterbewuchs, Monteverde, Lorbeerwald. Häufig in den Kiefern und Baumheiden bei Mazo (Nähe Aussichtspunkt Mirador de Las Toscas) und Barlovento (Monte del Pueblo).

Kanarischer Zilpzalp – „mosquitero"
Phylloscopus canariensis (end. kan. / H, LP, G, T, GC)

Foto: Kike Navarro

Diesen lebhaften Vogel kann man häufig beobachten. Er ist ein fleißiger Insektenjäger. Manchmal fliegt er direkt von einem Ast in einen Mückenschwarm und verharrt durch seinen unglaublich schnellen Flügelschlag mitten darin, um ein Festmahl abzuhalten.
Der Zilpzalp ist einer der kleinsten Singvögel der Kanarischen Inseln. Er gehört zu den Bestäubern der Kanarischen Glockenblume und exotischen Blüten. Er sucht auch in den Blüten von Hibiskus, Strelitzien und Aloen nach Futter und bekommt oft neben den Insekten einen süßen Nektartropfen. Manchmal pickt er an Beeren oder anderen Früchten.

Familie: Laubsängerartige
Größe 10-11 cm lang / Spannweite 15 cm
Aussehen: Oberseite blasses Olivgrün, Unterseite weißgelblich, Schnabel und Beine dunkel, heller Streifen über den Augen.
Brutzeit Jan.-Juli; 3-5 Eier; Nest in Sträuchern, Gestrüpp; Brutdauer ca. 13 Tage, Nestlinge ca. 13-14 Tage

→ Sein Nest hat einen seitlichen Eingang und erinnert an die alten Backöfen, deshalb wird der Vogel von den Palmeros auch „hornero" (Ofenbauer) genannt.

Speziell geschützt

Vorkommen: Überall auf der Insel wo es Bäume und Büsche gibt. In Wäldern und Gärten.

Amphibien und Reptilien

Für Frösche sind die Bedingungen nicht die besten, mitten im Atlantik. Dennoch gibt es Laubfrösche und Iberische Wasserfrösche. – La Palma hat auch Süßwasser, Quellen, die Flüsse in der Caldera – dort leben viele Frösche. Von der Westkanareneidechse gibt es eine palmerische Unterart, deren Männchen hübsche blaue Kehl- und Seitenflecken zeigen. Nachts wird der Kanaren-Gecko aktiv. Er verspeist fleißig Motten, Nachtfalter und Fliegen.

Eidechsen trifft man überall auf der Insel. Auch sie haben Durst …

Kanarengecko – „perenquén, salamanquesa"

Tarentola delalandii (end. kan. / nur L,T)

Die nützlichen Gesellen werden nachts munter. Dann lauern sie dank der Haftzellen ihrer fünf Zehen an Wänden, Decken und Fensterscheiben. Die Geckos sitzen still, bis sich ein Nachtfalter oder ein anderes Insekt in ihre Nähe begibt. Dann nähern sie sich erstaunlich schnell ihrer Beute oder strecken einfach blitzartig den Kopf vor, um ihr Opfer zu schnappen. Manchmal geben die Tierchen leise Geräusche von sich. Sie können sich auch heftig untereinander streiten. Geckos mögen es warm und bleiben in kalten Nächten in ihrem Versteck.

Größe: bis 12 cm
Farbe: sehr variabel von hellbraun bis fast schwarz, manchmal grünlich. Rücken mit hellen oder dunklen Flecken, Unterseite durchgehend hell
Vermehrung: zwischen Mai und August legen die Weibchen bis zu sechsmal je 1-2 Eier in Fels- oder Mauerspalten. Je nach Temperatur schlüpfen die Jungen nach einigen Wochen

→ Eulen und Katzen sind ihre größten Feinde (auch wir Menschen klemmen sie manchmal unbeabsichtigt in Fenstern oder Türen ein). Bei Gefahr werfen Geckos, wie die Eidechsen, ihren Schwanz ab. In wenigen Wochen wächst er nach.

Speziell geschützt

Vorkommen: auf der ganzen Insel. Lieblingsplatz in der Nähe von Lampen, deren Licht Insekten anzieht – egal ob im Haus oder draußen

Mittelmeer-Laubfrosch – „rana verde"
Hyla meridionalis (nicht end. / alle Inseln)

Foto: Juan C. Adam

In der Nähe von Wassertanks erklingen mit der Dämmerung seine Rufe. Nach Regenfällen ist das Konzert besonders intensiv, dann gilt es die Weibchen zu beeindrucken.
Vermutlich kamen die ersten Tiere mit Pflanzen für die Landwirtschaft auf die Insel. Inzwischen sind sie einheimisch.

Familie: Laubfrösche
Aussehen: klein bis ca. 4 cm, Oberseite grün, manchmal mit kleinen braunen Flecken, glatte Oberfläche, heller Bauch, auf beiden Seiten dunkler Seitenstreifen von der Nase bis zu den Vorderbeinen. Manchmal mit Streifen an den Seiten. Pupillen waagerecht-oval, Iris mit Goldtönen
Lebensraum: in Süßwassernähe mit Vegetation

→ Durch die Haftscheiben an den breiten Finger- und Fußspitzen kann der Frosch sehr gut klettern. Bei Freunden schaute schon mal einer durch die Fensterscheibe …

Vorkommen: von der Küste bis ca. 1300 m in Bananenplantagen, Grünzonen nahe Wasserbecken, manchmal in den Becken alter Waschplätze.

Iberischer Wasserfrosch – „rana común, rana perezi"
Pelophylax perezi (nicht end. / LP, G, T, GC)

Foto: Juan C. Adam

Auch diese Frösche kamen vermutlich mit Pflanzen für die Landwirtschaft auf die Insel und fühlen sich an einigen wenigen Stellen heimisch.
Sie ernähren sich von Wirbellosen (Spinnen, Insekten, Regenwürmern etc.). Die Tiere sind tag- und nachtaktiv und die kräftigen Stimmen der Männchen besonders von März bis Juli gut zu hören.

Familie: Echte Frösche
Aussehen: bis 10 cm; sehr unterschiedliche Färbung. Oberseite grün, braun oder grau mit schwarz-braunen Flecken, heller Streifen auf der Wirbelsäule und als braune Steifen erkennbare Schleimdrüsen. Unterseite weißlich mit dunklen Flecken.
Lebensraum: ruhige Süßwasservorkommen, standorttreu

Vorkommen: Caldera de Taburiente.

Foto: Guido Weitkemper, pixabay

Westkanareneidechse – „barba azul, lagarto"

Gallotia galloti palmae (end. La Palma)

Er häutet sich. Foto: Helena Ahrendt

Der spanische Name Blaubart stammt von dem prächtigen Kehlfleck des Männchens. Weltweit gibt es diese Unterart nur auf La Palma. Die Tierchen huschen bei Sonnenschein durch die Natur, Gärten, Städte und über Hauptstraßen.

Die Eiablage erfolgt in warmen Sandböden. Nach 40-70 Tagen schlüpfen die bräunlichen Eidechsenjungen.

Zur Nahrung der La Palma-Eidechse gehören neben Insekten, Blättern und Blüten auch Früchte. Darunter leider auch Weintrauben oder Tomaten.

Wird es kühl und regnerisch auf La Palma, ziehen sich die Eidechsen in ihre Verstecke zurück. Doch kaum zeigt sich ein Sonnenstrahl, kommen die Kaltblüter heraus, um sich aufzuwärmen.

Familie: Echte Eidechsen
Männchen bis 25 cm lang / kräftig, grauschwarz, teils mit helleren, bläulichen Punkten, auffällig blaue Kehle
Weibchen: kleiner als Männchen / hellbraun mit 2 dunklen Seitenstreifen

Lebensraum: bevorzugt offenes, steiniges Gelände, Natursteinmauern, lichter Kiefernwald

→ Eidechsen gehören neben wenigen Vögeln zu den Befruchtern der Kanarischen Glockenblume.

Vorkommen: auf der ganzen Insel.

Wirbellose

Diese Gruppe ist die größte und viele der kleinen Lebewesen sind kaum erforscht und es gibt noch etliche zu entdecken. Allein die Gruppe der Gliederfüßer beinhaltet lt. Tafeln des Vereins zum Erhalt der Biodiversität der Kanaren (ACBC) 8.029 Spezies! Für La Palma werden 2.908 Spezies angegeben. Davon sind 866 Kanaren-Endemiten und 221 palmerische Insel-Endemiten.

Praktisch täglich kann man auf La Palma der Schwarzen Kanarischen Biene, diversen Fliegen, Schmetterlingen, Ameisen, Mücken, Käfern, Grashüpfern und Libellen begegnen. Manche von Ihnen kennen vielleicht den völlig harmlosen schwarzen Portugiesischen Tausendfüßer, der an feuchten Wintertagen gern an schönen weißen Hauswänden hochkriecht. Der größte vorkommende Schmetterling ist der auffallend gefärbte orange-schwarze Amerikanische Monarchfalter.

Raupen des Totenkopfschwärmers. Foto: Helena Ahrendt

Gifttiere an Land

Auf den Kanarischen Inseln sind lt. Pedro Oromí, Professor für Zoologie an der Fakultät für Biologie der Universität von La Laguna/Teneriffa, 975 Arten von Spinnentieren bekannt. Davon sind ca. 500 Arten Spinnen. Davon leben 2 der für Menschen gefährlich eingestuften, die Braune Violinspinne und die Schwarze Witwe, auch auf La Palma.

Es gibt eine Hundertfüßerart, die mit ihren Giftzangen zwicken kann. Der Biss ist sehr schmerzhaft und mit einem Bienenstich zu vergleichen. Es gibt nur sehr selten solche Unfälle, denn keines der Tiere lauert auf den Menschen, um ihn anzugreifen. Normalerweise fliehen sie und beißen oder stechen nur, wenn sie sich ernsthaft bedroht fühlen.

Schwarze Kanarische Biene – „abeja negra canaria"

Apis mellifera mellifera (end. kan. / alle Inseln) (die Anerkennung zur eigenen Rasse ist in Arbeit)

Die wild vorkommende Schwarze Kanarische Biene ist nicht nur für die Bestäubung der palmerischen Pflanzenwelt zuständig, dank ihr und achtsamen Imkern werden feinste Inselhonige gewonnen. Sie schätzen die Biene wegen ihrer Reinlichkeit im Bienenstock, dem geringen Schwarmtrieb und ihrer Sanftheit.

Familie: Echte Bienen
Größe der Arbeiterinnen: 1,2-1,4 cm lang
Aussehen: dunkel mit gelblichen Querstreifen am Hinterleib. Kopf und Körper, außer Bauch, fein behaart
Fortpflanzung: ganzjährig

→ Keine andere Rasse ist so sanftmütig wie die genetisch einzigartige kleine Schwarze. Mit der vorübergehenden Einführung ausländischer Bienenrassen kam nicht nur Konkurrenz für die einheimische Imme, sondern auch die Varroa-Milbe, ein gefährlicher Brutparasit. Für die Erhaltung der Reinheit der Rasse setzt sich die Kanarische Regierung ein:

„Genetische Untersuchungen an der Schwarzen Kanarischen Biene haben ergeben, dass sie afrikanischen Ursprungs ist, aber durch ihre Anwesenheit auf unserem Archipel seit etwa 200.000 Jahren hat sie auf den Inseln endemische Varianten entwickelt und sich hervorragend an unser Gebiet angepasst. Sie zeichnet sich durch ihre perfekte Anpassung an die Umwelt und die optimale Nutzung unserer Flora aus.
Einige Jahre lang glaubten die Imker auf den Inseln, dass ausländische Bienenrassen eine höhere Honigproduktivität aufweisen, und so verbreitete sich ihre Einfuhr, was die einheimische Bienenrasse gefährdete. Das Ministerium für Landwirtschaft, Viehzucht, Fischerei und Ernährung ergriff über die Generaldirektion für Viehzucht besondere Schutzmaßnahmen zur Erhaltung, Wiederherstellung und Auslese der Schwarzen Kanarischen Biene, und zu diesem Zweck wurde bereits vor Jahren ein spezielles Reservat auf der Insel La Palma eingerichtet, sowie Schutzzonen auf Fuerteventura, Lanzarote und Gran Canaria." (www.Gobierno de Canarias, razas autóctonas)

Vorkommen: auf der ganzen Insel. Im in der ersten Jahreshälfte stellen die Imker ihre Bienenkästen gern in den niedrigen Zonen auf. Im Sommer bringen sie die Völker in Waldgebiete und Hochlagen.
Zu beobachten sind die Bienen u.a. an den Blüten der Natternköpfe, Drachen- und Mandelbäume, des Sprossenden Zwergginsters und des Asphaltklees.

Mit dem Kauf von palmerischem Honig fördern Sie den Erhalt der inseleigenen Imkerei und unterstützen die nicht zu ersetzende Funktion der Bienen bei der Befruchtung von Wild- und Nutzpflanzen.

Weiße Bindenpelzbiene – „sunsunito patiblanco, abeja excavadora de bandas blancas"

Amegilla quadrifasciata (nicht end. / alle Inseln)

Der Flug dieser nicht aggressiven Biene ist schnell und unruhig. Zielsicher fliegt sie in ihr Erdloch. Die Weiße Bindenpelzbiene bildet keine Völker.

Familie: Echte Bienen
Größe: 1,2-1,5 cm lang
Aussehen: Thorax (Körperteil zwischen Kopf und Hinterleib) mit rot-braunen Haaren; Hinterleib schwarz mit mehreren weißen Binden; Gesicht weiß gezeichnet
Fortpflanzung: sie gräbt den Zugang zu ihrem Nest in losen Böden oder an Steilwänden

→ Diese Pelzbiene summt besonders laut.

Vorkommen: inselweit, je nach Wetter und Ort ganzjährig. Küste, niedrige Zonen, Thermophiler Buschwald. Besucht sehr unterschiedliche Blüten u. a. von Minzen, im Garten mag sie Basilikum gern.

Kanarische Erdhummel – „abejorro, abejón de culo blanco"

Bombus terrestris canariensis (end. kan. / alle Inseln, außer F + L)

Diese friedliche und soziale Erdhummel lebt in kleinen Kolonien. Sie fliegt im Gegensatz zu den Bienen auch an kühleren, windigen und bewölkten Tagen. Ihr Flug ist schwerfällig, ihr Summen laut.

Familie: Echte Bienen
Größe: Arbeiterin 1,1-1,6 cm lang; 1,5-1,8 cm Drohne (Männchen); Königin 2-2,4 cm
Aussehen: groß und rundlich; Körper dicht schwarz behaart, nur unterer Hinterleib weiß behaart
Fortpflanzung: zwei Generationen (Frühjahr u. Herbst); die Hummel gräbt den Zugang zu ihrem Nest an schattigen Stellen in lose Böden oder baut es in Felsritzen

→ Wichtige Bestäuberin. Bedroht durch die Konkurrenz anderer Hummelarten, die zur Bestäubung von Tomaten etc. in Gewächshäusern eingeführt wurden und ausgewildert sind.
Als Art mit Interesse für das kanarische Ökosystem in den Schutzkatalog Catálogo de Especies Protegidas aufgenommen.

Vorkommen: Inselweit von der Küste bis 2000 m, häufig mittlere Höhenlagen im Inselnorden. Je nach Wetter und Ort ganzjährig, verstärkt Frühjahr bis Juni. Besucht sehr unterschiedliche Blüten u. a. von Asphaltklee, Disteln, Beinwellblättrigen Zistrosen, Gänsedisteln, Weißem Backenklee, Natternköpfen.

Mittelmeer-Feldgrille – „grillo, grillo común"
Gryllus bimaculatus (nicht end. / alle Inseln)

Wenn nachts das Konzert der Grillen beginnt, sind es die Männchen, die wir hören. Sie locken damit die Weibchen an oder markieren ihr Revier. Die Weibchen schweigen.
Die Mittelmeer-Feldgrille ist die häufigste auf der Insel. Auf dem europäischen Festland ist sie an den Küstenzonen rund um Mittelmer zu finden. Sie lebt gern warm und trocken. Tagsüber verstecken sich die Grillen unter Steinen, in trockenem Gras, Gebüsch o. ä., mit dem Beginn der Dämmerung machen sie sich auf die Suche nach Kräutern, Gräsern, Spinnen und kleinen Insekten.

Familie: Echte Grillen
Größe: bis 3 cm cm lang
Aussehen: schwarz-braun mit 2 hellbraunen Flecken am Ansatz der Vorderflügel. Sie wird deshalb auch Zweifleckengrille genannt.
Fortpflanzung: Die Weibchen legen die Eier per Legeröhre in lose Böden

→ Reptilien- oder Amphibienhalter kennen diese Grillen als Futtertiere für ihre exotischen Lieblinge.

Vorkommen: inselweit, von der Küste bis in die Berge, auf Wiesen, lichten Stellen in den Wäldern, Gärten. Je nach Wetter und Ort ganzjährig, Mai bis Oktober häufig.

Foto: W. Wagner: http://www.pyrgus.de

Heimchen – „grillo silbón, grillo doméstico"

Acheta domesticus (nicht end. / LP, GC)

Auch hier sind es die Männchen, die mit ihrem Gesang die stummen Weibchen bezirzen. Die dämmerungs- und nachtaktiven Heimchen fliegen nur sehr selten. Sie sind Allesfresser (Obst, Gemüse, Aas, Insekten, andere Heimchen) und leben auch in menschlicher Nähe (Komposthaufen). Vermutlich stammen Heimchen aus trockenen Gebieten Afrikas und haben sich weltweit verbreitet.

Familie: Echte Grillen
Größe: bis 2,5 cm lang
Aussehen: gelbliche bis braun-gelbe Grundfärbung mit dunkelbrauner oder schwarzer Zeichnung
Fortpflanzung: Die Weibchen legen die Eier per Legeröhre in feuchten Untergrund

→ Reptilien- und Amphibienhalter nehmen Heimchen gern als Futtertiere für ihre exotischen Lieblinge. Neuerdings stehen Heimchen auch auf Speisekarten für Menschen.

Vorkommen: nicht zu trockene Umgebung. Auf der Ostseite bei Breña Alta und Breña Baja. Auf der Westseite Puerto Tazacorte – Barranco de las Angustias Richtung Caldera de Taburiente. Je nach Wetter und Ort ganzjährig.

→ Bei den Weibchen der Grillen und Heimchen ragt ein langer Stachel aus dem Hinterleib hervor. Der ist nicht fürs Zustechen gemacht, sondern zur Eiablage. Sollte sich also einer der großartigen Sänger oder eines der stillen Weibchen ins Haus verirren (nach eigener Erfahrung sitzen sie liebend gern in Schuhen), kann man sie furchtlos einfangen und zurück ins Freie setzen.

Foto: W. Wagner: http://www.pyrgus.de

Glasschnecke - „babosa de monte"

Insulvitrina solemi (end. La Palma)

Sie trägt ihr „Haus unter der Haut" und kann sich nicht darin verstecken.

Familie: Glasschnecken
Merkmal: das zarte, durchscheinende Gehäuse unter dem Gewebemantel
Größe: bis 2 cm lang
Farbe: variabel hellbraun bis grau-schwarz mit dunklen Flecken auf Schwanz und Mantel

→ Diese Landlungenschnecke ist ein Beispiel für den Übergang von einer Gehäuse- in eine Nacktschnecke.

Vorkommen: Norden-Nordosten der Insel, feuchte Stellen im Unterbewuchs des Lorbeerwaldes (La Zarza/Garafía). Manchmal auch in Barrancos oder Baumheidebuschwald.

Diese Glasschnecke fand ich an einem Januarmorgen auf dem Katzenfutterteller an einem Nudelrest in Topaciegas (Barlovento)

Gottesanbeterin – „mantis religiosa, Santa Teresa"

Mantis religiosa. Es gibt kanarische und nicht endemische Arten auf La Palma.

Meist sieht man sie zufällig, denn die Gottesanbeterin lauert bewegungslos an Gräsern oder Sträuchern auf ihre Beute. Dabei erinnern die erhobenen Vorderbeine an eine Gebetshaltung. Erscheint jedoch eine Spinne oder ein als Futter geeignetes Insekt, ist es vorbei mit der Heiligkeit. Blitzschnell ergreift die Gottesanbeterin ihre Mahlzeit mit eben diesen Fangarmen.

Kennzeichen: langer Körper, große Augen, sehr beweglicher dreieckiger Kopf und mit Widerhaken ausgestatte Fangarme.
Farbe: variabel; gelblichbraun bis grün
Größe: bis 8 cm (Weibchen größer als Männchen)

Vorkommen: warme Gebiete, inselweit

Heuschrecke, Grashüpfer – „saltamontes, cigarrón" Wüstenheuschrecke – „langosta"

Es gibt allein auf den Kanarischen Inseln fast 40 Arten, einige davon sind endemisch.

Es gibt grau gesprenkelte Feldheuschrecken wie *Calliptamus plebeius* mit auffallend roten Hinterbeinen, die man von der Küste bis in die Berge in trockenem Gelände mit Gras oder Strauchbewuchs entdecken kann. Sie sind keinerlei Gefahr für die Landwirtschaft.

Dann kräftige grüne Tiere, die gern in Baumkronen sitzen *Calliphona palmensis*. Dazu habe ich keinen deutschen Namen gefunden.

Foto: Juan M. Castro

Eine ganz seltene Art lebt nur auf La Palma in einem kleinen mit Wolfsmilchgewächsen bewachsenem Gebiet im Südwesten der Insel:

saltamontes gigante del Remo. elespanol.com, Foto: Pedro Oromí

„saltamontes gigante del Remo" – „cigarrón palo palmero".

Wissenschaftlicher Name: *Acrostira euphorbiae*. Sie ist vom Aussterben bedroht und strengstens geschützt.

Bei starkem Südostwind und hohen Temperaturen kann es vorkommen, dass die gefürchteten Wüstenheuschrecken von Afrika auf die Inseln getrieben werden. In ihrem Heimatland kommt es immer wieder vor, dass die Tiere in riesigen Schwärmen über Anbauflächen und Natur herfallen. Sie fressen gnadenlos alles ab und können Hungerkatastrophen aus-

Besuch aus Afrika. Foto: Heike Behr

lösen. Auf den Kanaren war die letzte große Plage im Jahr 1958. Teneriffa war besonders stark betroffen. Der Angriff der Fluginsekten wurde damals durch das Sprühen von Insektiziden aus Flugzeugen beendet. La Palma als nordwestlichste der Inseln war nicht so stark betroffen.

Käfer – „escarabajo"

Aus den vielen La Palma vorkommenden habe ich einige der am häufigsten vorkommenden zusammengestellt.

Schwarzkäfer – „escarabajo de Canarias"

Pimelia laevigata (stammt aus Nordafrika / alle Inseln)

Eine sehr artenreiche Insektenart, von der es auf (fast?) jeder Kanarischen Insel auch eine eigene Art gibt. So auch auf La Palma.
Er ernährt sich am liebsten von frischem Grün, frisst aber z. B. auch Aas.

Familie: Schwarzkäfer
Größe: ca. 2 cm.
Form: rundlich-oval
Farbe: schwarz, mit Punkten strukturiert

Vorkommen: Auf der Isla Bonita ist er vom Sukkulentenbusch bis in die Lorbeer- und Kiefernwälder zu beobachten. In den feuchteren Gebieten mit üppigem Pflanzenangebot entwickelt er sich besser als im trockenen Malpaís. Der Schwarzkäfer ist eher nachtaktiv, lässt sich im Frühjahr aber auch tagsüber blicken.

Ein Schwarzkäfer beim Verspeisen eines Portugiesischen Tausendfüßers

Ölkäfer – „aceitera, bicho mora, escarabajo ampolla"

Eurymeloe tuccia tuccia (nicht end. / alle Inseln)

Erwachsene Ölkäfer sind gemütlich unterwegs. Sie krabbeln häufig auf Wegen oder am Wegesrand und fressen genüsslich an zarten Blättchen junger Pflanzen (Gänsedistel, Natternkopf ...).
Im Frühjahr legt ein Weibchen Tausende von Eiern in den Boden. Die Überlebensrate beim Nachwuchs ist nicht sehr hoch. Die Larven brauchen nach dem Schlupf erstmal Heuschreckeneier. Wenn sie ihre Geburtsstätte verlassen, bewegen sie sich flink. Sie erklimmen sogar Blumen, denn sie sind auf bestimmte Wildbienen angewiesen, um in deren Brutzellen zu parasitieren. Mit drei Klauen greifen die Larven deshalb nach allem, was fliegt und ihnen geeignet erscheint und lassen sich mitnehmen.
Schafft es die Larve, in ein Nest mit frisch gelegtem Ei und genügend Futtervorrat aus Nektar und Pollen zu gelangen, geht ihre Entwicklung mit mehreren Häutungen weiter. Im Sommer kehrt sie zur Erde zurück und gräbt sich ein. Nach Winterende geschieht die letzte große Metamorphose.

Der erwachsene Käfer ist flugunfähig und macht sich krabbelnd auf den Weg, um den Kreislauf von Paarung und Eiablage fortzusetzen. Bald danach stirbt er.

Familie: Ölkäfer
Größe: 2-4 cm. Weibchen etwas größer als Männchen
Form: Hinterleib aufgetrieben, deshalb auch Blasenkäfer genannt
Farbe: Beide Geschlechter glänzend schwarz mit feinen Punktierungen an Kopf, vorderem Segment des Brustbereiches und Flügeldecken.

→ Stammt aus dem Mittelmeergebiet, ausgebreitet von Kleinasien bis Nordafrika.
Ölkäfer sondern zur Verteidigung eine zähflüssige, ölige Substanz ab. Darin ist Cantharidin enthalten, welches auch die menschliche Haut und Schleimhäute reizt. Dieser Stoff ist Bestandteil des Extraktes „Spanische Fliege" (Lytta vesicatoria). Ein Potenzmittel, das aus zermahlenen Körpern eines Verwandten des beschriebenen Ölkäfers gewonnen wird. Vor einem Missbrauch dieses Aphrodisiakums sei gewarnt!

Vorkommen: Erwachsene Käfer Dez.-März auf der ganzen Insel in tieferen Gebieten. Barlovento Küstenwanderweg GR-130 Topaciegas-La Palmita.

Nashornkäfer – „escarabajo rinoceronte de Canarias"

Oryctes prolixus (end. westliche Kanareninseln / H, LP, GC, T)

Das Horn trägt nur das Männchen, das Weibchen hat einen kegelförmigen Höcker. Nashornkäfer leben in der Erde und in vermoderndem Holz, selten zwischen Baum- oder Strauchwurzeln. Sie richten keine Fraßschäden an, da sich ihre Larven von vermodertem Holz ernähren und die erwachsenen Käfer scheinbar gar nichts fressen.

Familie: Blatthornkäfer
Größe: 2,5-4 cm
Form: rundlich-oval
Farbe: dunkelbraun, fast schwarz

Vorkommen: Thermophiler Buschwald, mittlere Höhenlagen

Ähnelt dem Zottigen Rosenkäfer – „chamorro de flor canario"

Tropinota squalida ssp. canariensis (end. kan. / alle Inseln)

Der tagaktive Käfer besucht gern die Blüten von Margeriten, Disteln, Sprossendem Zwergginster und Obstbäumen.

Familie: Blatthornkäfer
Größe: 0,5-1,2 cm
Form: oval
Farbe: schwarz mit weißlichen Flecken auf den Deckflügeln.

„Die meisten flugfähigen Käfer besitzen zwei Paar Flügel: die Deck- und die Hinterflügel. Die Deckflügel sind tatsächlich nur eine Abdeckung, die aufgeklappt wird, wenn der Käfer startet. Zum Fliegen selbst werden die darunterliegenden dünnen Hinterflügel benutzt, die im Ruhezustand zusammengefaltet sind" (www.planet-wissen.de). Körperhülle glänzend mit reichlich weiß-gelblichen Haaren, vor allem an der Körperunterseite.

→ Besonders im Frühling sitzen mehrere Käfer gern gemeinsam, auch übereinander auf den Blüten.

Vorkommen: offene Flächen von der Küste bis in die Berge. Häufig an Pisten- oder Wegrändern im Monteverde, auch in Gärten.

→ Wo auch immer auf der Welt werden leere Flaschen oft zu tödlichen Fallen für Käfer. Sie krabbeln rein, kommen aber nicht wieder heraus.

Kakerlake – „cucaracha"
Periplaneta americana (nicht end. / alle Inseln)

Wie in allen Ländern mit einem warmen und feuchten Klima gehören auch auf La Palma Kakerlaken zur Tierwelt. Ihr Auftauchen ist kein Beweis für mangelnde Sauberkeit oder Hygiene, sondern natürlich. Selbst in Deutschland sind schon viele Menschen einer Küchenschabe begegnet.
Auf La Palma ist es die Amerikanische Schabe. Die Tiere leben überwiegend in der Kanalisation. Sie sind gelegentlich auf städtischen Gehwegen zu sehen, können aber durch ihre Kletterkünste und gute Flugfähigkeit auch in Häusern und Ferienunterkünften auftauchen.
Sie sind Allesfresser, die sich von beliebigen organischen Resten ernähren. Die Tiere sind nachtaktiv und lichtscheu. Sie können blitzartig wegrennen und finden unglaubliche Verstecke, manchmal fliegen sie auch davon.

Familie: Blattidae (Art von Schaben)
Größe: bis 4 cm lang
Aussehen: rotbrauner, flacher Körper, kräftige Beine und lange, schmale Fühler
Fortpflanzung: das Weibchen hinterlässt im Schnitt 1x monatlich einen Eikokon in lockeren Böden oder in Ritzen versteckt, nicht weit von Nahrungsquellen entfernt. Die Entwicklung über Larve, Nymphe bis zur erwachsenen Kakerlake dauert durchschnittlich 5-12 Monate

→ Kakerlaken können verschiedene Krankheiten und Parasiten übertragen. Sollten Sie eine Kakerlake zertreten oder erschlagen, besser nicht mit bloßen Händen anfassen und auch nicht liegen lassen. Ansonsten kann eine Kakerlake über 2 ½ Jahre alt werden.

Vorkommen: Sie brauchen es warm, feucht und dunkel. Kälte vertragen sie nicht.

Foto: Alvesgaspar. commons.wikimedia.org/wiki/File:Periplaneta_americana_August_2012-2.jpg

Libellen – „libélulas"

Auf der Insel kommen verschiedene Arten von Libellen vor. Es gibt Wanderlibellen aus Afrika, Edellibellen und Segellibellen.

Es sind bunte Schönheiten, je nach Art in grün, blau, rot, schwarz-weiß, braun oder gelb gefärbt oder gezeichnet. Ihr Körper kann 3,5 oder über 12 cm lang sein.
Ihr Futter besteht aus Mücken, Fliegen usw., die sie im Flug erbeuten. Sie können ihre Flügel einzeln bewegen und sogar rückwärts fliegen. Dadurch können sie ihre Beute auch direkt von Pflanzen greifen.

Fortpflanzung: Die Weibchen legen die Eier in Wasser oder an Wasserpflanzen, die sich daraus entwickelnden Larven leben im Wasser. Zur Metamorphose (vollständige Verwandlung der Larve zur Libelle) suchen sie sich einen geschützten Platz an einem Pflanzenstängel o. Ä. Bis es so weit ist, können 1-2 Jahre, manchmal noch mehr, vergehen.

Obwohl die Libellen nicht im Schutzkatalog der Kanaren stehen, sind sie an vielen Orten der Welt vom Aussterben bedroht.

Vorkommende Arten sind u. a.:
– Schabracken-Königslibelle (*Anax ephippiger*)
– Madeira-Heidelibelle (*Sympetrum fonscolombii*)
– Rote Libelle (*Trithemis arteriosa*)
– Gefleckter Wasserfallkreuzer (*Zygonyx torridus*)

→ Angst vor Libellen ist unberechtigt. Sie haben keinen Stachel. Was so ähnlich ausschaut, ist die Legeröhre der Weibchen, die sie zur Eiablage brauchen.

Vorkommen: alle brauchen Wasser und halten sich gern in der Nähe von Teichen, Staubecken, Quellen, Schwimmbecken usw. auf. Manchmal trifft man sie am Waldrand oder auch in Gärten.

Palmerische Raubfliege – „mosca asesina"
Promachus palmensis (end. La Palma)

Diese Raubfliege fällt als ausgewachsenes Tier durch ihre Größe auf. Manchmal fliegt sie permanent und laut summend auf den Menschen zu, das ist aber kein Angriff.
Raubfliegen sind weltweit verbreitet, nur im ewigen Eis kommen sie nicht vor. Dabei haben sich viele regionale Arten entwickelt. So auch die nur auf der Isla Bonita heimische. Die Tiere mögen Temperaturen über 20°C, sind tagaktiv und fangen ihre Beute, die sie oft von einem höheren Sitzplatz aus beobachten, meist mit den Vorderbeinen im Flug. Sie ernähren sich von Schmetterlingen, Bienen, Wespen, Fliegen usw.

Familie: Raubfliegenartige
Größe: bis 3 cm lang
Aussehen: kräftig gebaut, schwarz-braun, stark behaart, große Facettenaugen, Stech- und Saugrüssel, kräftige Beine
Fortpflanzung: Eiablage durch die Weibchen in der Erde, an Totholz, eingerissener Rinde. Dort entwickeln sie sich zuerst als Larven, dann zum Jungtier.

→ Trotz ihres schrecklichen spanischen Namens „Mörderfliege" ist die Raubfliege für den Menschen harmlos.

Vorkommen: vom Frühling bis Sommer zahlreich in offenen Bereichen des Lorbeer- oder Kiefernwaldes, aber auch in jeder Höhenlage und auf häuslichen Terrassen. El Paso, Los Llanos, Barranco de las Angustias bis in die Caldera de Taburiente, Fuencaliente, Breña Alta, Breña Baja.

Kanarischer Riesenläufer – „ciempié, escolopendra, arraclán"

Scolopendra valida (nicht end. / LP, G, T, GC)

Der wahrscheinlich einheimische Hundertfüßer ist nicht sehr beliebt, da er schmerzhaft zubeißen kann und dabei sein Gift absondert. Die Reaktion ist ähnlich wie bei einem Bienenstich mit Schwellung und Rötung, kühlen soll die Schmerzen lindern. Zum Glück gibt es solche Zwischenfälle sehr selten. Schon seit hunderten Millionen von Jahren leben Hundertfüßer an Land, wie Fossilienfunde belegen (z. B. Cambridge/England).

Eigentlich ist der nachtaktive Jäger sehr nützlich, denn er ernährt sich von Spinnen, Grillen, Schnecken, Larven, Regenwürmern usw. Dabei kann er plötzlich sehr schnell losrennen. In den über 25 Jahren auf La Palma habe ich 3 Menschen getroffen, die gebissen wurden. Immer geschah es durch unbewusstes Einklemmen des Tieres. Eine Bekannte sagt, es fühle sich kalt an, wenn so ein Tier auf einem herumklettert.

Größe: 10-15 cm lang
Aussehen: lang, flach, mit je einem Beinpaar pro Segment seitlich am Körper, abgeflachter Kopf, lange Antennen. Hinter dem Kopf sitzen die Giftklauen, mit denen die Beute ergriffen und durch den Giftbiss getötet wird. Die Körperfarbe scheint variabel. Ich habe schon rot-orange, aber auch fast schwarze Exemplare gesehen
Fortpflanzung: Frühling-Sommer. Die Weibchen legen die Eier in den Boden und schützen sie. Auch die geschlüpften Jungtiere werden noch einige Zeit von der Mutter behütet, bis sie das Nest verlassen

→ Bei großer Hitze und Trockenheit flüchten die Hundertfüßer manchmal in kühle Häuser. Wir hatten zweimal ziemlich große Exemplare im Badezimmer. Die können sogar an Fliesen hochklettern, das fand ich erstaunlich. Mein Mann hat sie getötet. Ich habe frühmorgens ein Jungtier auf der Terrasse gefunden, es aufgefegt und in einiger Entfernung in die Natur gesetzt.

Vorkommen: dunkle, feuchte Plätze (häufig unter Steinen). Bei Garten- und Bauarbeiten kann man ihnen begegnen. Die Hundertfüßer haben aber einen schnellen Fluchtreflex und verschwinden blitzartig in der Erde oder einer Ritze. El Remo, Puerto Tazacorte-Barranco de las Angustias bis Caldera de Taburiente, Küstengebiete bei Fuencaliente, Mazo.

Cochenilleschildlaus – „cochinilla"

(zur Karminherstellung gezüchtet)

Dactylopius coccus (stammt aus Zentral- und Südamerika)

Mexikanische Schildlaus – „cochinilla mexicana"

Dactylopius opuntiae (stammt aus Mexiko)

(als invasiv eingestuft)

Die Cochenilleschildlaus kam gemeinsam mit ihrer Wirtspflanze, dem Echten Feigenkaktus, Anfang des 19. Jahrhunderts auf die Insel. Die Insekten enthalten den wertvollen Farbstoff Karmin. Er färbte einst edelste Stoffe wie die Roben römisch-katholischer Kardinäle. Obwohl schon Ende des 19. Jahrhunderts künstliche Farbstoffe das natürliche Karminrot ersetzten, gibt es noch immer Cochinilleschildläuse auf den Kanaren.

Die Insekten leben in Mehrgenerationen-Kolonien auf und vom Feigenkaktus, aber sie töten ihn nicht. Die Weibchen bewegen sich nur in jungem Stadium, die Männchen können fliegen und finden sie dank Botenstoffen. Nach der Befruchtung ist die Aufgabe der Männchen erfüllt und sie sterben bald danach. Die Weibchen ernähren sich vom Saft des Feigenkaktus.

Cochenille-Schildlaus

Um ganzjährig ernten zu können, werden die Mutterläuse in poröse Säckchen gefüllt und mit einer Wäscheklammer am Kaktusohr befestigt. Binnen kürzester Zeit beginnen sie mit der Eiablage.

Weibchen und in geringerem Umfang auch die Eier enthalten die begehrte Karminsäure. Die Ernte der Läuse erfolgt auf den Kanaren noch immer in traditioneller Handarbeit. Dazu werden die größten und dunkelsten von ihnen, die bereits Eier gelegt haben, vorsichtig mit einem Spezialwerkzeug abgeschabt. Es heißt, Frauen könnten das besonders gut. Die pulvrig weißen Rückstände enthalten bereits neue Schildläuse und bleiben an ihrem Platz auf dem Kaktusohr. Um die Läuse zu töten, werden sie gesiebt. Dabei erfolgt die erste Reinigung. Die toten Schildläuse werden je nach Wetter 2-3 Tage in der Sonne getrocknet. Dann erfolgt die Säuberung der restlichen Rückstände, damit nichts das Scharlachrot verschmutzt. Die Läuse kommen noch einmal für 10-20 Tage in die Sonne, dann werden sie in Jutesäcken transportiert. Die Farbstoffherstellung übernehmen andere Fachleute. Um 1 kg getrocknete Schildläuse zu erhalten, braucht es ca. 3 kg Schildläuse Lebendgewicht!

Die Mexikanische Schildlaus wurde (un)bewusst auf die Kanarischen Inseln eingeführt.
Sie ist sehr aggressiv und ein befallener Feigenkaktus stirbt in 1-2 Jahren. Dadurch ist die Zukunft der Zucht der Cochenilleschildlaus stark gefährdet.

Der Unterschied zwischen beiden Insekten lässt sich gut auf den Fotos erkennen.

→ Natürliches Karmin aus der Cochenilleschildlaus ist unter der Nummer E120 als färbender Lebensmittelzusatzstoff zugelassen (z. B. in Campari, Fruchtgummi, Milchprodukten, Fleisch, Lippenstiften).

Mexikanische Schildlaus

Schmetterlinge – „mariposas"

Kanarischer Admiral – „mariposa vanessa"
Vanessa vulcania, auch Vanessa índica canaria (end. mak. / H, LP, G, T, GC + Madeira / F+L selten)

Foto: Michael Stumpf

Im Gegensatz zum Admiralfalter, der auch in Deutschland durch seine Wanderungen bekannt ist, bleibt der Kanarische Admiral scheinbar seinen Inseln treu. Der Edelfalter ist ganzjährig zu beobachten.

Familie: Edelfalter
Färbung Oberseite: Vorderflügel schwarz, an den Rändern und Spitzen mit weißen Flecken, Richtung Flügelansatz mit roter Schrägbinde und drei schwarzen Flecken. Hinterflügel braun mit rotem Rand mit dunklen Punkten und kleinen blauen Flecken in Körpernähe.
Spannweite: 5-6 cm
Fortpflanzung: mehrere Generationen im Jahr; Eiablage an Brennesselgewächsen (Futterpflanzen der Raupen); Raupen bis 4 cm; stacheliges Aussehen, dunkelgrün und schwarz mit grünen oder gelben Flecken

→ Als Wintergast taucht manchmal der in Europa und Nordamerika beheimatete Admiral *Vanessa atalanta* auf. Er hat aber keine schwarzen Flecken in der roten Binde der Vorderflügel.

Vorkommen: Küstennähe bis über 2400 m Höhe; lichte Stellen im Monteverde, Wegränder, Gärten. Häufig an der Montaña de la Breña (Breña Baja) zu beobachten. Zur Blüte der Rosa Natternköpfe auch im Gebiet des höchsten Berges der Insel, dem Roque de los Muchachos.

Kanarischer Waldportier – „mariposa sátiro palmera"
Hipparchia tilosi (end. La Palma)

Foto: Juan M. Castro

Vielleicht der seltenste Schmetterling auf La Palma. Bisher ist wenig über den tagaktiven Falter bekannt.

Familie: Edelfalter

Vorkommen: fliegt lokal begrenzt auf engstem Raum im Grunde der Barrancos in den Lorbeerwäldern im Nordosten der Insel sowie, evtl. erst zum Flugzeitende hin, auch in offenen Kiefernwäldern und bis in die höchsten Lagen der Insel. Wurde Ende Juli bis Anfang September beobachtet (lepiforum.org, Jürgen Hensle).

→ Sein Name weist auf den Lorbeerwald von Los Tilos hin.

Kanarischer Bläuling – „manto de las Canarias"

Leptotes webbianus (end. kan. / H, LP, G, T, GC)

Der Bläuling labt sich am Nektar der La Palma-Drüsenfrucht. Nähe Roque de los Muchachos

Ein lebhafter Falter, der schnell fliegt, ohne zu gleiten.

Familie: Bläulinge
Farbe: Weibchen oberseits orange-braun, nur in Körpernähe bläulich. Männchen oberseits bläulich-violett. Beide mit braunem, weiß-gebändertem Rand an Vorder- und Hinterflügeln. Unterseite bei Männchen und Weibchen ist kräftiger gefärbt. Die Vorderflügel sind rötlich-braun mit hellen Flecken und hellgrauem Rand. Die Hinterflügel sind graubraun mit heller Zeichnung und fünf Augenflecken.
Spannweite: 2-3 cm (Männchen sind die größeren)
Fortpflanzung: Eiablage an verschiedenen Hülsenfrüchtlern wie Hornklee, Drüsen-, und Buschginster (Futterpflanzen der Raupen) mehrmals im Jahr; Raupe 1-1,2 cm lang; grün mit einem gelben Streifen auf dem Rücken und 2 gelben Längsstreifen.

Vorkommen: 200 bis über 2400 m; offenes, steiniges oder wenig bewachsenes Gelände, auch lichte Stellen in Wäldern, Gärten. Ganzjährig, doch hauptsächlich Frühling/Sommeranfang.

Kanaren-Braundickkopffalter – „mariposa dorada canaria"

Thymelicus christi (end. kan. / alle Inseln außer F+L)

Sein Kennzeichen ist die Flügelhaltung in der Ruheposition: Die Vorderflügel stehen senkrecht und die Hinterflügel sind waagerecht ausgerichtet. Seinen Namen verdankt der Schmetterling dem breiten Kopf.

Familie: Dickkopffalter
Farbe: Die Flügel sind dunkelbraun mit mehreren goldenen Flecken von unterschiedlicher Größe. Weibchen haben einen kräftigeren Körper, ihr Hinterleib steht über die hinteren Flügel heraus.
Spannweite: 2,1-2,5 cm
Fortpflanzung: Eiablage vermutlich an Süßgräsern (Futterpflanzen der Raupen) mehrmals im Jahr; (W. Wagner: http://www.pyrgus.de/Thymelicus_christi.html) Raupen: Färbung von grün auf braun, mit hellen Längsstreifen

→ Sucht Nektar u. a. auf Disteln, Asphaltklee, Gänsedisteln.

Vorkommen: überwiegend nordöstliche Inselgebiete + Garafía und Puntagorda. Busch- und Weideflächen, grasbewachsenen Plätze in Wäldern. 200-1000 m. März-Nov., häufig Apr.-Juli.

Distelfalter – „vanessa de los cardos"

Vanessa cardui (nicht end. / alle Inseln)

Distelfalter. Foto: Juan M. Castro

Der Distelfalter kommt in ganz Europa, Nordafrika, Asien, Nordamerika und Australien vor. Auf den Kanarischen Inseln ist er ganzjährig zu beobachten, allerdings nimmt seine Zahl im Herbst merklich zu. Die Wanderfalter kommen dann aus Afrika, manchmal werden sie auch unfreiwillig durch Unwetter oder Calima (Ostwind aus Afrika) auf die Inseln getrieben.

Familie: Edelfalter
Färbung Oberseite: Vorderflügel orange-braun, an den Spitzen schwarz mit weißen Flecken. Hinterflügel orange-braun mit dunklen Flecken und weißem Saum.
Unterseite: marmoriert mit 5 Augenflecken, teils dunkel umrandet.
Spannweite: 5-6 cm
Fortpflanzung: Eiablage an Disteln, Brennesselblättern (Futterpflanzen der Raupen); Raupen bis 4 cm; gelblich bis grün-braun, später dunkel mit dornartigen behaarten Warzen; schützen sich durch ein Gespinst aus Seide um das Blatt

Vorkommen: Küstennähe bis 2000 m Höhe; warm und trocken, offenes Gelände, Wald- und Wegränder, Gärten. Die Edelfalter den Nektar von Disteln, Malven, Natternköpfen und vielen anderen Blüten

Amerikanischer Distelfalter – „vanessa americana"

Vanessa virginiensis (nicht end. / H, LP, G, T, GC)

Auch dieser in Amerika beheimatete Edelfalter gehört zu den Wanderfaltern. Es kommt vor, dass er bei Unwettern oder Stürmen auf die Kanarischen Inseln verschlagen wird. Auf La Palma und Teneriffa gibt es kleine Populationen.

Raupe des Amerikanischen Distelfalters

Familie: Edelfalter
Färbung Oberseite: Vorderflügel orange-braun, an den Spitzen schwarz mit weißen Flecken. Hinterflügel orange-braun mit kleinen, dunkel umrandeten blauen Augenflecken.
Unterseite: marmoriert mit 2 großen Augenflecken
Spannweite: 4-6,5 cm
Fortpflanzung: mehrere Generationen im Jahr; Eiablage an Ruhrkraut (Futterpflanze der Raupen); Raupen bis 3,5 cm; stacheliges Aussehen, durch Dornen auf einer rot-orangen Basis, Farbe veränderlich von dunkelgrün und schwarz

Vorkommen: Küstennähe bis 1600 m Höhe; warm und trocken, offenes Gelände, Wegränder, Gärten mit vielen Blüten

Amerikanischer Distelfalter. Fotos: Juan M. Castro

Kleiner Feuerfalter – „manto bicolor"

Lycaena phlaes (nicht end. / alle Inseln)

Stillsitzen fällt den lebhaften Schmetterlingen schwer

Dieser lebhafte kleine Falter ist häufig zu beobachten. Im Gegensatz zu anderen Bläulingen hat er seinen Blauanteil nicht auf der kompletten Oberseite.

Familie: Bläulinge
Farbe: kein Unterschied zwischen Männchen und Weibchen; Grundfärbung orange; Vorderflügel mit brauner Randbinde und dunklen Flecken; Hinterflügel überwiegend schwarz-braun mit bläulicher Färbung in Körpernähe, orange Binde mit dunklem Rand
Spannweite: 2,2-3,1 cm
Fortpflanzung: Eiablage an verschiedenen Ampferarten (Futterpflanzen der Raupen) mehrmals im Jahr; Raupen max. 1,5 cm lang; variable Färbung, oft grün mit rötlichen Streifen auf der Mitte der Oberseite und als Kontur rund um den Körper, kleine Härchen

→ Der kleine Feuerfalter lebt u. a. in Europa, Asien, Nordafrika und Nordamerika.

Vorkommen: Küste bis mittlere Höhenlagen; offene, locker bewachsene Landschaften. Mit steigender Temperatur im Frühling bis über 2000 m Höhe.

Kleiner Kohlweißling – „mariposa de la col"
Pieris rapae (nicht end. / alle Inseln)

Kanaren-Weißling *Pieris cheiranthi* – „mariposa capuchina" (end. kan. / LP, G, T)

Kanaren-Weißling *Pieris cheiranthi benchoavensis* – „mariposa capuchina palmera"
(end. Kan. / nur G, LP)

Kanaren-Weißling im Lorbeerwald

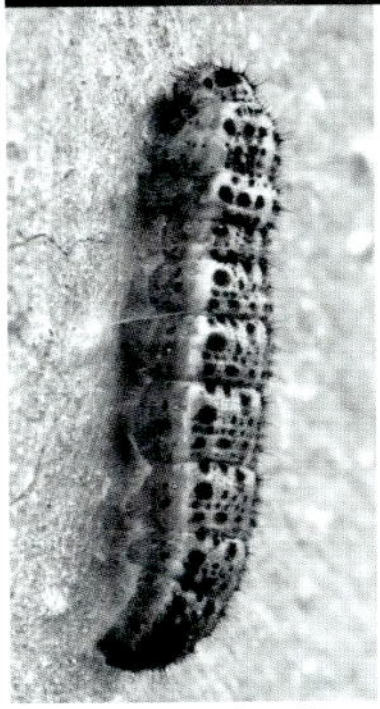

Raupe des Kohlweißlings

Gleich 3 Kohlweißlingarten flattern auf der Isa Bonita. Der Kleine Kohlweißling ist nicht beliebt, da seine Raupen auch auf der Insel Kohlköpfe zum Fressen gernhaben. Die anderen beiden Arten leben überwiegend ungestört in den Wäldern. Von Kapuzinerkresse angelockt, kommen sie manchmal auch in Gärten. Von dieser Vorliebe haben sie auch ihren spanischen Namen „Kapuzinerkresse-Schmetterling".

Puppe des Kohlweißlings

Vorkommen der Kanaren-Weißlinge: Lorbeerwald Cubo de La Galga (San Andrés y Sauces), Baumheide-Gagelstrauchzone (Barlovento, oberhalb Laguna de Barlovento).

Afrikanischer Monarchfalter, Kleiner Monarch, Gewöhnlicher Tiger – „mariposa tigre"

Danaus chrysippus (nicht end. / alle Inseln außer H)

Nach dem Schlupf müssen die Flügel trocknen. Hier ist noch der Rest der Puppe zu erkennen

Er ist so etwas wie der „kleine Bruder" des Amerikanischen Monarchfalters. Doch er stammt, wie der Name sagt aus Afrika. Verbreitet ist er u. a. von Nordafrika bis Asien und in Australien. Er unternimmt kürzere Wanderungen z. B. von Afrika nach Südeuropa in kleinen Gruppen.

Familie: Edelfalter
Färbung: Flügel orange bis bräunlich. Flügelspitzen sehr dunkel mit großen hellen Flecken, Flügelränder ebenfalls, aber mit kleinen hellen Punkten. Weibchen etwas größer und heller als Männchen. Letztere haben an den Hinterflügeln als dunkle Flecke erkennbare Tasche mit Duftschuppen, die Weibchen kleine dunkle Punkte. Körper: Oberseite schwarz und bräunlich. Kopf und Brust schwarz mit weißen Punkten
Spannweite: 7-8 cm
Fortpflanzung: mehrere Generationen im Jahr; Eiablage an verschiedenen Seidenpflanzen (Asclecpias). Sie sind die Hauptfutterpflanzen der Raupen. Sie sind nicht ganz so gefräßig wie ihr größerer Verwandter der Amerikanische Monarchfalter. Der aufgenommene giftige Milchsaft schützt die Raupen vor Fraßfeinden. Er bleibt auch nach der Metamorphose erhalten und die orange Flügelfarbe der erwachsenen Falter ist ein deutliches Warnsignal an Vögel etc. Die Raupen verschmähen Gemüse oder Zierblumen, sind also kein Schädling im Garten. Aussehen: schwarz-weiß-gelb quer gestreift mit 3 „Antennenpaaren", die in Körpernähe rötlich gefärbt sind. Bis ca. 3,5 cm lang. Die Färbung der Puppe ist sehr unterschiedlich. Manchmal grün, manchmal fast weiß bis rosa, jedoch immer mit hübschen goldenen Punkten.

→ Die Eiablage findet manchmal auch an Stapelien oder Leuchterblumen statt.

Vorkommen: in tiefen und mittleren Lagen ganzjährig, gerne in Gärten; Anzahl schwankt; am häufigsten im Sommer.

Amerikanischer Monarchfalter – „mariposa Monarca"

Danaus plexippus (nicht end. / alle Inseln)

Der Zug der Monarchfalter von Nordamerika zu ihren Überwinterungsplätzen im über 4000 km entfernten Mexico ist ein einzigartiges Naturschauspiel. Die prächtigen Schmetterlinge bewegen sich in riesigen Schwärmen, um die Schutzgebiete (santuarios des Biosphärenreservats der Monarchfalter) mit den Oyameles-Tannen zu erreichen, in denen Millionen von Faltern ihre Winterruhe verbringen.

Kurz vor dem Schlupf wird die Puppe durchsichtig. Diese war bei starkem Wind heruntergefallen. Ich habe sie mit einem Faden wieder befestigt und alles ist gut gegangen

Raupenvergleich: vorne Afrikanischer im Hintergrund Amerikanischer Monarchfalter

Auf den Kanaren ist der Amerikanische Monarchfalter der größte vorkommende Schmetterling. Auch auf La Palma können wir ihn immer wieder beobachten, denn die hiesigen Tiere nehmen nicht an der großen Wanderung teil.

Männchen. *Foto: Helena Ahrendt*

Familie: Edelfalter
Färbung: kräftig orangefarbene Flügel (mit zunehmendem Alter verblassen sie) mit schwarzen Adern. Flügelspitzen und Ränder mit hohem Schwarzanteil und kleinen hellen Punkten. Männchen an den Hinterflügeln als dunkle Flecke erkennbare Tasche mit Duftschuppen. Körper Oberseite schwarz mit einigen hellen Querstreifen am Hinterleib. Kopf und Brust schwarz mit weißen Punkten
Spannweite: bis 12 cm
Fortpflanzung: mehrere Generationen im Jahr; Eiablage an verschiedenen Seidenpflanzen (Asclecpias). Die Raupen knabbern diese Futterpflanzen kahl, manchmal samt Samenständen und Stängeln. Dabei nehmen sie Giftstoffe auf, die sie vor Fraßfeinden schützen. Sie bleiben auch nach der Metamorphose erhalten und die orange Flügelfarbe der erwachsenen Falter ist ein deutliches Warnsignal an Vögel etc. Wie die Raupen der afrikanischen Falter verschmähen auch diese Gemüse oder

Amerikanischer Monarchfalter, frisch geschlüpft

Zierblumen, sind also kein Schädling im Garten. Sie werden bis 6 cm lang; schwarz-weiß-gelb quer gestreift mit 2 schwarzen „Antennenpaaren". Die grüne Puppe mit den hübschen schillernden Goldpunkten hängt meist gut getarnt an den Blättern beliebiger Pflanzen oder manchmal an einem Blumentopfrand o. ä.

Bei der Paarung

→ In den letzten Jahren ist die Zahl der am Zug beteiligten Schmetterlinge stark gesunken. Teils liegt es daran, dass in Amerika immer mehr Futterpflanzen als Unkraut vernichtet werden, aber laut einiger Studien auch am Anstieg der Temperaturen, wodurch in einigen Gebieten kein Abwandern im Winter mehr nötig ist.
Als Beitrag zur Arterhaltung pflanzen auf La Palma (und vielen anderen Orten) Privatpersonen und einige Gemeinden die Seidenpflanzen, um den Faltern einen alternativen Lebensraum anzubieten.

Vorkommen: in Küstennähe ganzjährig, sonst von April/Mai bis ca. November

Weibchen

Totenkopfschwärmer – „esfinge de la calavera"

Acherontia atropos (nicht end. / alle Inseln außer H)

Der im tropischen Afrika heimische Totenkopfschwärmer wandert im Sommer bis Süd- und Mittel-, seltener Nordeuropa. Er wird auf den Kanarischen Inseln als „wahrscheinlich heimisch" angesehen (Biota Canarias). Der dämmerungs- und nachtaktive Falter ist nicht häufig zu beobachten, dafür fallen seine Raupen umso mehr auf.

Familie: Schwärmer
Merkmale: Kopf und Oberseite des Körpers sehr dunkel mit der namensgebenden Zeichnung, die an einen Totenkopf erinnert. Vorderflügel oberseits dunkelbraun mit mehr oder weniger deutlichen Schattierungen und Querbinden in grau, ockergelb und rötlichem Braun, je Flügel ein mittiger, heller Fleck. Hinterflügel oberseits ockerfarben, meist mit 2 dunkleren Querbinden.
Spannweite: 7-10 cm (Weibchen sind die größeren)

Foto: Wolfram Schiebener

Fortpflanzung: Eiablage bis zu 2x im Jahr. Die Raupen finden auf La Palma Nahrung in Form von Gemeinem Stechapfel, Braunwurz, Königskerze, aber auch Kartoffeln, Auberginen, Tomaten und außerdem exotische Pflanzen wie Jasmin, Trompetenbaum oder Oleander. Nachtschattengewächse mögen sie am liebsten. Raupe bis 13 cm lang; Grundfarben grün-gelb, braun oder gelb-orange mit weiß-gelben Schrägstreifen, langes Analhorn, das an einen Schwanz erinnert. Im letzten Raupenstadium vor der Verpuppung sind am Kopf schwarze Striche erkennbar, der Körper mit gelben und blauen Schrägsteifen sowie kleinen dunklen Punkten gezeichnet.

→ Der Totenkopfschwärmer kann Pfeifgeräusche erzeugen, wenn er sich gestört fühlt. Die Falter dringen in Bienennester oder -stöcke ein und ernähren sich von Honig.

Vorkommen: Wo es Nachtschattengewächse gibt, mittlere Höhenlagen mit, Lorbeerwald, Baumheidezone

Foto oben links: Helena Ahrendt. Die anderen Fotos: Wolfram Schiebener

Kanarisches Waldbrettspiel – „mariposa maculada canaria"

Pararge xiphioides (end. Kan. / LP, G, T, GC)

Dieser Schmetterling ist ganzjährig unterwegs. Er sonnt sich gern mit ausgebreiteten Flügeln, ist aber auch an kühleren Tagen im Norden der Insel zu beobachten. Oft flattern 2 oder 3 Tiere gemeinsam umher.

Familie: Edelfalter
Farbe: Grundfärbung rötlich-braun; Vorderflügel mit gelben Flecken und einem kleinen schwarzen Augenfleck nahe der Flügelspitzen. Hinterflügel mit vier gelben Flecken, drei davon in Form von Augenflecken, mit einem kleinen weißen Punkt in der Mitte
Spannweite: 4-5 cm
Fortpflanzung: Eiablage an verschiedenen Gräsern (Futterpflanzen der Raupen) mehrmals im Jahr; Raupen hellgrün, später mit einem gut erkennbaren dunkleren Rückenstreifen

Vorkommen: Küste bis mittlere Höhenlagen, mit steigender Temperatur im Frühling bis ca. 2000 m Höhe; bevorzugt lichte Wälder, Wegränder, Gärten.

Großer Weinschwärmer – „zorra, esfinge de banda plateada"

Hippotion celerio (nicht end. / alle Inseln)

Dieser Falter ist in den tropischen Gefilden Afrikas, Asiens und Australiens anzutreffen. Er ist ein Wanderfalter, der auf den Kanarischen Inseln als „wahrscheinlich heimisch" angesehen wird (Biota Canarias). Wie der Name vermuten lässt, sind es die Weinreben, die den nachtaktiven Schwärmer anziehen.

Familie: Schwärmer
Merkmale: Helles Band auf der Körperoberseite. Vorderflügel oberseits olivbraun mit einem gut erkennbaren hellen Längsstreifen. Dadurch vordere Flügelhälfte hellbraun mit grau und hellen Streifen. Hinterflügel in Körpernähe rosa, dann heller mit schwarzem Rand und schwarzen Adern. Alle Flügelränder mit hellem bis grauen Rand. Es sind sehr variable Färbungen möglich.
Spannweite 5,9-7,6 cm (Weibchen sind die größeren)
Fortpflanzung: Eiablage an Weinreben (wild oder kultiviert). Mehrere Generationen im Jahr. Raupe 8-9 cm lang. Manchmal auch an Labkräutern, Winden, Ampfer etc. Es gibt grüne und verschieden braune Raupen. Alle haben ein Analhorn und kurz unterhalb des Rückens auf beiden Seiten, je nach Grundfarbe, gelbe oder dunkle Längslinien sowie 2 große und 2 kleine Augenflecken.

→ Die Großen Weinschwärmer werden von dem Duft der Blüten des Gartengeißblattes (*Lonicera caprifolium*) oder der Wunderblumen (*Mirabilis jalapa*) angelockt. Wenn sie im Schwirrflug den Nektar saugen, erinnern sie ein wenig an Kolibris.

Vorkommen: Ganzjährig. In der Nähe von Weinreben und Blüten, die sich nachts öffnen.

Wolfsmilchschwämer – „esfinge de las tabaibas"

Von den verschiedenen auf La Palma vorkommenden Arten hier beschrieben:

Hyles euphorbiae (end. kan. / G, LP)

Foto: Michael Stumpf

Die Falter sind dämmerungs- und nachtaktiv.

Familie: Schwärmer
Farbe: Oberseits Vorderflügel braun, cremeweiß; Hinterflügel dunkelbraun mit breiter rosa Binde und hellem Rand
Spannweite: 5,4-7 cm
Fortpflanzung: Eiablage an Lamarck-Wolfsmilch *Euphorbia lamarckii* (Futterpflanze der Raupen) mehrmals im Jahr; Raupe bis 8 cm lang; erst grün, dann alov-schwarz mit gelber Rückenlinie, Kopf, Analhorn und Beine rot

→ Im Frühjahr/Sommer oft Raupen in großen Mengen auf den Blättern der Wolfsmilchgewächse.

Vorkommen: Küste bis höhere Lagen, trocken und warm. Überall, wo es die Futterpflanze gibt, z. B. Mazo (Nähe Montaña de Azufre).

La Palma-Zitronenfalter – „limonera de La Palma"
Gonepteryx cleobule palmae (end. La Palma)

Foto: Juan M. Castro

Durch seine gelbe-orange Farbe fällt dieser Schmetterling im Grün der Pflanzen und auf den verschiedensten Blüten auf.

Familie: Weißlinge
Merkmale: Männchen und Weibchen tragen auf den Flügeloberseiten einen kleinen, orangefarbenen Augenfleck. Die Männchen sind stärker gelb gefärbt und die Vorderflügel haben auf der Oberseite oft einen orangen Ton.
Spannweite: bis 5 cm
Fortpflanzung: Eiablage an Rhamnus crenulata und Rhamnus glandulosa (Futterpflanze der Raupen)
Raupe: im Endstadium grün mit vielen dunklen Pünktchen und je einem schmalen gelben Streifen pro Seite

→ Die Falter besuchen die verschiedensten Blüten auf der Suche nach Nektar (darunter Kanarischer Zitronenstrauch, Aspahltklee).

Vorkommen: Ganzjährig, im Sommer 1000-1500 m (manchmal höher), im Winter in niedrigeren Zonen. Puntallana (Cubo de La Galga), Barlovento (Wegränder im Wald).

Spinnen
Opuntienspinne – „araña de la tunera"

Cyrtophora citricola (stammt aus den Tropen und Subtropen, häufig im Mittelmeerraum anzutreffen / alle Inseln)

Diese Spinne mag es sonnig und warm. Auf La Palma webt sie ihre kunstvollen Netze überwiegend in den Opuntien (Feigenkakteen). Sie arbeitet mehrere Nächte an den komplizierten Fangvorrichtungen. Unzählige Stolperfäden überziehen die mit mehreren Verstärkungsfäden befestigte, trichterförmige Netzdecke. In ihr verbirgt sich die Opuntienspinne.

Durch die Stolperfäden stürzt die Beute auf die Netzdecke und in eine Fangspirale. Dort ergreift die Spinne ihre Opfer von unten, wickelt sie ein und nimmt sie mit. Entweder verzehrt sie sie in ihrem Versteck oder verwahrt sie in einem der Trichter. Die Fäden sind sehr stark und nicht mit

Klebstoff versehen. Um nicht auch für Beute gehalten zu werden, senden die Männchen zur Paarungszeit Signale über die Netzfäden. Danach eilen sie davon, denn die Weibchen haben ihre Begatter zum Fressen gern. Es scheint fast egal, denn bald nach der Paarung sterben die Männchen sowieso. Das Weibchen befestigt im Laufe des Sommers die Eier übereinander in Kokons. Dann pflegen und hüten sie sie, bis im Frühling der Nachwuchs schlüpft.
Die meisten erwachsenen Spinnen sind von Juli bis Februar zu beobachten.

Familie: Echte Radnetzspinnen
Merkmal: Die erwachsenen weiblichen Spinnen haben sechs deutlich erkennbare dornartige Vorwölbungen auf dem Rücken. Sie bilden 2 Reihen und sehen wie kleine Buckel aus.
Größe: Männchen 3-4 mm
Weibchen 10-15 mm
Farbe: Weibchen schwarz-braun mit hellen Flecken auf dem Rücken

→ Nachdem immer mehr Feigenkakteen der Mexikanischen Schildlaus zum Opfer fallen, muss die Opuntienspinne andere Standorte nutzen. Sie ist z. B. in Orangenbäumen zu finden.
In den starken Netzen verfangen sich Fliegen, Schmetterlinge und sogar kleine Vögel. Letztere schaffen es mit großem Kraftaufwand, sich wieder daraus zu befreien

Vorkommen: Auf der ganzen Insel. Meist in Feigenkakteen

Ihre Netze sind technisch ausgeklügelte Kunstwerke

Tigerspinne – „araña tigre"

Argiope trifasciata (weltweit verbreitet / alle Inseln außer H)

Männchen und Weibchen im gleichen Netz

Wenn einem die Tigerspinne (manchen nennen sie auch Zebra- oder Wespenspinne) auffällt, sieht man normalerweise ein Weibchen in seinem Fangnetz. Die Männchen sind im Verhältnis sehr klein. Sie leben in ihrem eigenen Nest und besuchen das Weibchen nur zu Paarungszwecken.
Die Spinnen ernähren sich von Insekten wie Heuschrecken und Schmetterlingen. Ich habe gesehen, wie ein Weibchen sogar eine junge Eidechse mit ihrem Gift getötet hat.
Interessant zu beobachten ist der Eikokon, aus dem viele winzige Spinnen schlüpfen. Sie bleiben einige Tage im Nest, machen sich dann selbständig und die Mutter stirbt kurz danach.

Familie: Echte Radnetzspinnen
Merkmal: ihr bis 30 cm großes Netz hat einen auffälligen Zickzack-Faden. Vielleicht dient er der Tarnung?
Größe: Männchen 0,6 cm / Weibchen 2 cm
Farbe: Männchen gelbbraun / Weibchen Hinterleib weiß-gelb gestreift mit feinen schwarzen Querbändern. Beine ebenfalls gestreift

Die Bedeutung des Zickzack-Fadens ist noch nicht geklärt.

… und so sieht die Spinne von unten aus.

→ Die Tigerspinne ist sehr standorttreu. Sie ist nicht angriffslustig und lässt sich bei Gefahr auf den Boden fallen. Ihr Gift ist normalerweise für Menschen nicht gefährlich.

Vorkommen: Auf der ganzen Insel. Sie baut ihr Netz zwischen Grashalmen oder Pflanzenstängeln.

Da ist eine Eidechse ins Netz gegangen.

Kinderstube der Tigerspinne

Weitere Spinnen: Krabbenspinne – „araña cangrejo"
(nicht spezifiziert)

Die Krabbenspinne lebt auf Blumen und passt sich durch Farbwechsel perfekt der Blütenfarbe an. So lauert sie unbemerkt auf ihre Beute, zu der Bienen, Schmetterlinge, Schwebfliegen etc. gehören.

Und ein paar mir unbekannte Achtbeiner:

Portugiesischer Tausendfüßer – „bicho negro, milpiés portugués"

Ommatoiulus moreleti (nicht end. / alle Inseln)

Wer bei Regenwetter auf La Palma war, kennt diese unbeliebten, aber völlig harmlosen „schwarzen Würmer" vermutlich. Warmes Wetter und Trockenheit verbringen sie normalerweise unter Laub, Steinen, Holz usw., doch so wie es etwas tröpfelt, verlassen sie ihre Verstecke und krabbeln liebend gern an weißen Hauswänden hoch.
Die Tierchen ernähren sich von Pflanzenteilen, Totholz und ich habe sie auch beim Knabbern des Trockenfutters meiner Katzen ertappt …

Familie: Julidae (Schnurfüßer)
Größe: 2-4 cm lang
Aussehen: je älter, umso dunkler; ausgewachsene Tiere sind schwarz
Fortpflanzung: Die Weibchen legen die Eier 1-2 cm tief in den Boden. Von der Eiablage bis zum erwachsenen Tier vergehen ca. 3 Jahre. Im Gegensatz zu den Hundertfüßern haben sie 2 Beinpaare pro Körpersegment direkt unter dem Körper und kurze Antennen

→ Der Portugiesische Tausendfüßer wird für die Kanaren als exotische invasive Art angegeben (Catálogo Español de Especies Exóticas Invasoras, Gobierno de Canarias), da er einheimischen Tausendfüßern den Lebensraum streitig machen kann.

Vorkommen: Gärten, Brachland, Kiefern- und Lorbeerwald. Zwischen Herbst und Frühling manchmal in Mengen als Plage an Hauswänden (El Paso, Tijarafe, Barlovento). Die Tiere krabbeln auch durch Türschlitze o. Ä. ins Haus. Das Abdichten der Türen mit einem vorgelegten Handtuch, vor allem nachts, ist eine Vorbeugemaßnahme. Die beste Waffe ist ein Besen. Sie beißen und stechen nicht, stinken aber furchtbar, wenn man drauftritt (Abwehrsekret).

Meeresfauna und Unterwasserwelt

Das Wasser rund um La Palma ist klar mit Sichtweiten bis zu 50 m und Wassertemperaturen zwischen 19 und 26°C. Auch im Atlantik gibt es bizarre Lavaformationen mit Höhlen, Bögen, Sandflächen und einen großen Artenreichtum.

Möglichkeiten zum Schnorcheln und Tauchen bieten sich rund um die Insel. Im August-September ist das Meer normalerweise am ruhigsten. In den Wintermonaten kann es vor allem im Norden sehr wild sein. An der schmalen Südspitze gibt es oft auf der Ostseite viel Wind, kaum biegt man auf die Westseite, ist es wieder ruhig. Manchmal ist es auch umgekehrt … Wichtig: Es werden Tauchschein, Tauchattest und Tauchunfallversicherung benötigt. Zum Tauchen im Meeresreservat muss eine spezielle Genehmigung eingeholt werden. Verschiedene Tauchschulen bieten geführte Tag-, Nacht- oder Tieftauchgänge für Hobbytaucher, Profis oder Unterwasserfotografen an. Die Gemeinde San Andrés und Sauces wirbt mit einem Unterwasserpfad der zwischen Puerto Espíndola, Charco Verde und El Varadero verläuft. Ein besonderer Tauchplatz ist auch der Unterwasserfriedhof von Malpique an der Südspitze.

Je nach Jahreszeit, Tauchtiefe und Gebiet sind u. a. Papageifische, Goldstriemen, Meerpfauen, Barsche, Rochen, Muränen, Tintenfische, schwarze Korallen, Feuerquallen, gelbe Schwämme und vieles mehr zu sehen. Zu bestimmten Zeiten ziehen Thunfischschwärme vorbei. Einige der Tiere werden von einheimischen Fischern nach strengen Vorschriften traditionell geangelt. Wer lieber auf als unter dem Wasser bleiben möchte, kann an einem Bootsausflug teilnehmen. Ab Puerto de Tazacorte laufen mehrere Boote zu Whalewatching-Touren aus, Delfine begleiten häufig die Boote, Seevögel (auch der Sepiasturmtaucher) sind zu beobachten und manchmal auch eine Meeresschildkröte.

Auch der Anblick der aufregenden Inselküste vom Meer aus ist voller Überraschungen. Steile Klippen, Höhlen, die Piratenbucht und die Cueva Bonita bei Tijarafe, in die man mit dem Boot oder Kajak hineinfahren kann, und das im Herbst 2021 durch den jüngsten Vulkanausbruch entstandene Lavadelta warten darauf, entdeckt zu werden.

Cueva Bonita. Klares Wasser, Lichtreflexe und ein besonderer Zauber bei Sonnenuntergang. Foto: OceanExplorer

Auf den folgenden Seiten kann ich nur einen winzigen Einblick in die vielfältige „blaue Welt" geben.
Hier geht ein besonderer Dank an Dr. Herbert Schaar für das Teilen seines Wissens aus jahrzehntelanger Taucherfahrung in palmerischen Gewässern und seine Bildbeiträge. Herzlichen Dank auch an das Team von OceanExplorer, das mich mit sehr guten Informationen versorgt hat und von dem alle Fotos der Wale und Delfine stammen.

Der Große Tümmler kann fast ganzjährig beobachtet werden. Foto: OceanExplorer

Schon an der gelben Flagge „Blaues Boot" ist das respektvolle Verhalten der Crew gegenüber den Meeresbewohnern zu erkennen. Die verantwortungsvollen Whale-Watching-Touren dieses Unternehmens werden auf dessen beiden Booten von professionellen Guides und MeeresbiologInnen begleitet.
Letztere sind an mehreren Projekten beteiligt, die gemeinsam mit der Universität La Laguna (ULL) auf Teneriffa und privaten Institutionen/ NGOs durchgeführt werden. Sie sammeln u. a. Daten über Walsichtungen und machen Aufnahmen zur Foto-Identifikation (Foto-ID), um zur Untersuchung und Überwachung der Schnabelwalpopulation auf den Kanarischen Inseln beizutragen. Kerben und Markierungen an Rücken und Flossen sind wie Fingerabdrücke.

Gifttiere im Wasser / am Strand

Wenn Sie im Meer schwimmen möchten, beachten Sie bitte die Flaggen.
Grün = Baden erlaubt / Gelb = Baden nur dort erlaubt, wo man noch stehen kann (Wellen, Strömung, Tiere) / Rot = Baden verboten
Warum ich das hier erwähne? Das „Baden verboten" kann sich z. B. auch auf die vorübergehende Anwesenheit der Portugiesischen Galeere oder der Leuchtqualle beziehen. Die Berührung mit ihnen bzw. den meterlangen Tentakeln ist sehr schmerzhaft.
Die betroffenen Stellen nie mit Süßwasser abwaschen, evtl. in der Haut sitzende Reste nie mit der bloßen Hand entfernen. An den bewachten Stränden sind die Rettungsschwimmer auf solche Situationen vorbereitet und leisten erste Hilfe.

Angeschwemmte Portugiesische Galeere

Die Stars bei Whale watching-Touren

Weltweit gibt es ca. 90 Walarten, davon wurden bisher ca. 30 in den Gewässern der Kanarischen Inseln registriert. Einige Arten leben ganzjährig im Meer rund um die Isla Bonita, andere halten sich nur vorübergehend dort auf.

Delfine und Wale sind Säugetiere. Sie sind Warmblütler, haben Lungen, brauchen Luft zum Atmen, die Weibchen gebären jedes Mal nur ein Junges und stillen es mit Milch aus ihren Brustdrüsen. Die Tiere gehören zur Ordnung der Wale (Cetaceen).

Delfine zählen zu den Zahnwalen, ebenso Pottwale, Schnabelwale, Orcas usw. Sie fangen ihre Beute (Fische, Tintenfische, Krebstiere) mit den Zähnen und schlucken sie dann ganz hinunter. Die Anzahl ihrer Zähne hängt mit ihrem Fraßverhalten zusammen. Wer Fisch samt Gräten verspeist, hat viele Zähne, bei Tintenfischen als Hauptnahrung braucht es weniger Zähne. Pottwale, als Tiefseejäger von Kalmaren, haben deshalb nur im Unterkiefer Zähne. Zum Ausatmen der auf Tauchgängen verbrauchten Luft besitzen sie 1 Blasloch.

Zahnwale senden Klangimpulse aus, die der Echo-Ortung zur Orientierung und zur Erkennung von Objekten und Beute dienen.

Buckel- und Zwergwale gehören zu den Bartenwalen. Statt Zähnen haben sie kammartige nebeneinanderstehende Platten aus Keratin (der Stoff, aus dem z. B. unsere Fingernägel sind). Mit diesen Hornlamellen (Barten) filtern sie ihre Nahrung aus dem Wasser. Trotz ihrer enormen Größe ernähren sie sich von Plankton, wirbellosen Tieren oder kleinen Fischarten. Sie haben 2 Blaslöcher und ihre „Fontäne" steigt dadurch nicht so hoch und sieht beinahe herzförmig aus.

Bartenwale verständigen sich durch die berühmten „Walgesänge".

Cetaceen sind meist sehr sozial mit starken Familienbanden und leben in „Schulen" von einigen wenigen bis zu mehreren tausend Tieren zusammen. Der jahrhundertelang betriebene (umso moderner, umso rücksichtslosere) Walfang trieb viele Arten an ihre Existenzgrenze. Trotz kommerziellem Walfangverbot seit 1982 sind viele Wale und Delfine noch immer bedroht. Unfälle mit Schiffen, Lärm durch Militärsonare, unterseeische Prospektionen, im Meer treibende Abfälle, Verlust von Futter durch Überfischung, versehentlicher Beifang von Cetaceen in der industriellen Fischerei, chemische Verseuchung der Gewässer und die Erwärmung der Meere setzen ihnen sowie allen anderen Meereslebewesen zu.

Die Begegnung mit Delfinen und Walen ist ein ganz besonderes Naturerlebnis. Versuchen auch wir, unseren Beitrag zu leisten, damit die Tiere uns weiterhin in ihren Bann ziehen können.

Delfine

Großer Tümmler – „delfín mular, tonina"

Tursiops truncatus (nicht end. / alle Inseln)

Wer kennt noch Flipper, den beliebten TV-Delfin? Er gehört zu den Großen Tümmlern, die bei einer Bootstour oder auch manchmal direkt von der Küste aus zu beobachten sind. Delfine gehören zur Ordnung der Zahnwale und sind Säugetiere. Ihre Nahrung besteht in den kanarischen Gewässern aus Tintenfischen und Krustentieren.

Familie: Delfine
Größe: 2,5-4 m (Weibchen etwas kleiner)
Farbe: Rücken dunkelgrau; Bauch hell

→ Delfinmütter sind geduldig und unterrichten ihre Jungen jahrelang im Jagen und dem Wissen um die besten Reviere.

Bisher nicht geschützt, aber als gefährdet eingeschätzt.

Vorkommen: weltweit in allen Ozeanen; küstennah und Hochsee. Mittelmeer und selten Nordsee. Die küstennahen Tiere sind kleiner und heller als die weit draußen im Atlantik lebenden Populationen und halten sich in geringeren Wassertiefen auf (100-200 m). Zu beobachten: Fast ganzjährig, am häufigsten Juli-Aug.; bei Bootsausflug und manchmal in der Nähe der Meeresschwimmbecken Fajana de Barlovento.

Fotos: OceanExplorer

Atlantischer Zügeldelfin – „delfín moteado del Atlántico"

Stenella frontalis (nicht end. / alle Inseln)

Erwachsener Zügeldelfin mit Jungtier

Diese Delfine sind sehr neugierig, aktiv und sprungfreudig. Ihre Art ist noch nicht sehr erforscht. Sie ernähren sich hauptsächlich von kleinen Fischen und Tintenfischen.
Vorkommen in Küstennähe in kleineren Gruppen, Hochsee-Populationen meist bis 50 Tiere.

Familie: Delfine
Größe: bis 2,3 m (Weibchen und Männchen gleich)
Farbe: erwachsene Tiere Rücken dunkelgrau mit hellen Flecken; Seiten etwas heller, mit hellen oder dunklen Flecken; Bauch weiß mit dunklen Flecken. Schnauze: mit weißer Spitze
Jungtiere: werden ohne Flecken geboren, sind oberseits dunkelgrau, Bauch weiß. Sie können mit dem Großen Tümmler verwechselt werden. Je älter ein Zügel- (oder auch Fleckendelfin genannt) wird, umso mehr Flecken hat er.

Vorkommen: tropischer und gemäßigter Atlantik, westlich häufig im Golf von Mexiko und der Karibik, östlich von den Azoren über die Kanaren bis ca. Gabun (Afrika). Zu beobachten bei Bootsausflügen: fast ganzjährig, am häufigsten April-Sept.

→ Ihre Hauptfeinde sind Haie.

Speziell geschützt

Wie andere Delfine, sind auch die Zügeldelfine gesellig.

Rauzahn-Delfin – „delfín de diente rugoso“
Steno bredanensis (nicht end. / alle Inseln)

Sein Erkennungsmerkmal ist das Profil, denn im Gegensatz zu anderen Arten ist der Übergang von der Stirn bis zur Schnabelspitze durchgehend sanft abfällig.
Ihre Nahrung besteht aus Fischen und Tintenfischen.

Familie: Delfine
Größe: bis 2,7 m (Weibchen kleiner)
Farbe: Rücken dunkel; Seiten hellgrau; Bauch und Kehle weiß mit bräunlichen großen oder kleineren Flecken. Schnauze: lang und schmal mit heller Spitze
Lippen: weiß
Zähne: mit vertikalen Rillen

→ Es sind sehr gesellige Tiere, die auch mit Großen Tümmlern gemeinsam unterwegs sind.

Speziell geschützt

Fotos: OceanExplorer

Vorkommen: Hochsee tropischer und gemäßigter Gewässer weltweit, auch Mittelmeer. Zu beobachten bei Bootsausflügen: Da die Rauzahn-Delfine nur selten in Küstennähe kommen, werden sie nicht so oft gesichtet. Fast ganzjährig, häufiger Frühjahr-Sommer.

Der Rauzahn-Delfin hat keine Falte zwischen Stirn und Schnauze.

Kurzschnäuziger Gemeiner Delfin – „delfín común de hocico corto"
Delphinus delphis (nicht end. / alle Inseln)

Sie springen nicht nur gern, sondern verständigen sich durch, auch für uns Menschen gut hörbares, hohes Pfeifen. Kurzschnäuzige Gemeine Delfine werden in Gruppen von 10-50 Tieren beobachtet. Manchmal finden sich auch Gruppen von hunderten oder mehreren tausend Exemplaren. Auch die Jagd auf Fischschwärme findet oft in Gruppen statt.

Familie: Delfine
Größe: bis 2,7 m (Weibchen etwas kleiner)
Farbe: Rücken dunkelgrau bis schwarz; Bauch weiß; vordere Seite gelb, hintere Seite hellgrau. Dies ergibt eine auffällige Zeichnung.

Vorkommen: in den meisten tropischen und gemäßigten Gewässern des Atlantiks und Pazifiks. Zu beobachten auf Bootstouren: Winterende-Frühlingsanfang.

→ Diese Delfinart ist nicht oft bei La Palma zu sehen.

Speziell geschützt

Fotos: OceanExplorer

Kurzflossen-Grindwal, Indischer Grindwal, Pilotwal – „calderón tropical"

Globicephala macrorhynchus (nicht end. / alle Inseln)

Die sehr sozialen Grindwale leben in Familienverbänden von 8-50 Tieren. Bei großen Treffen kommen hunderte Tiere zusammen. Die Mutter-Kind-Bindung hält ein Leben lang.

Das Jagdgebiet der Grindwale ist die Tiefsee. Sie tauchen bis auf ca. 900 m hinab, um Kopffüßer und Fische zu fangen. Sie sind auch „Tiefseesprinter", denn sie können in über 500 m Tiefe mit hoher Geschwindigkeit ihre Beute erjagen. Nach Tauchgängen ruhen sie sich an der Wasseroberfläche aus.

Familie: Delfine
Größe: Männchen bis 7,2 m; Weibchen bis 5,5 m
Farbe: erwachsene Tiere dunkelgrau bis tiefschwarz; Brust mit hellem ankerförmigem Fleck; individuelle hellgraue Muster/Bänder
Kopf: kugelförmig

Vorkommen: zwischen 50° nördlicher und 40° südlicher Breite in den meisten tropischen und subtropische Ozeanen. Die Tiere halten sich ganzjährig in Kanarischen Gewässern auf. Zu beobachten: mit Glück auf Bootstouren im Westen und Nordwesten. Im Herbst-Winter häufiger zu beobachten.

→ Hier kommt die Foto-Identifikation zum Einsatz. Anhand der Flossen werden die Bewegungen der einzelnen Kurzflossen-Grindwale zwischen La Palma-La Gomera und La Palma-Teneriffa beobachtet.

Speziell geschützt

Brydewal – „rorcual tropical“

Balaenoptera brydei oder Balaenoptera edeni (nicht end. / alle Inseln)

Sie können ihr Maul sehr weit öffnen. Bis zu 410 Barten auf jeder Kieferseite filtern Krill, Kopffüßer, kleine Fische wie Sardinen, Heringe usw. aus dem Wasser.

Brydewale leben als Paare oder in kleinen Gruppen, werden aber auch manchmal mit anderen Furchenwalen oder Delfinen gesichtet.

Familie: Furchenwale
Größe: bis 14,5 m
Farbe: dunkelgrauer Körper, an Kehle und Bauch heller
Kopf: mit 3 parallelen Wülsten auf der Oberseite

Fotos: OceanExplorer

Vorkommen: Tropische, subtropische und gemäßigte Gewässer (16-20 ° C), Hochsee oder Küstennähe. Brydewale können ganzjährig in den Fluten der Kanarischen Inseln beobachtet werden. Zu beobachten auf Bootstouren: ganzjährig; hohe Sichtungsraten von März-Mai und Aug.-Okt.

→ Ein Brydewal kann bis zu 18.000 kg wiegen.

Speziell geschützt

Blainville Schnabelwal – „zifio de Blainville "

Mesoplodon densirostris (nicht end. / alle Inseln)

Mit ihrer Vorliebe für Unterwasserschluchten zwischen 500 und 1.000 m Tiefe sind die Gewässer um La Palma bestens für diesen Schnabelwal geeignet. Meist leben sie Unterwasser und zu ihrer Nahrung gehören vor allem Krill, Tintenfische, Pota und Kalamare. Diese Wale bleiben nur kurz an der Wasseroberfläche und werden daher nicht so oft gesichtet. Sie leben allein, als Paare oder in kleinen Gruppen.

Familie: Schnabelwale
Größe: bis 4,7 m
Farbe: Rücken dunkelgrau; Bauch hellgrau. Der Körper ist oft von hellen Narben von Haiattacken oder bei den Männchen von Kämpfen mit Rivalen gezeichnet. Schnauze: lang

→ Blainville Schnabelwale scheinen sehr empfindlich auf militärische Sonar-Manöver zu reagieren (Massenstrandungen).

Speziell geschützt

Vorkommen: weltweit in gemäßigten und tropischen Gewässern (16-20°C). Im Atlantik rund um die Kanarischen Inseln heimische Populationen. Auf Bootstouren (nicht häufig zu beobachten): vor allem im Nordosten von La Palma; Sommer und September (der Monat mit dem ruhigsten Meer).

Fotos: OceanExplorer

Pottwal – „cachalote"

Physeter macrocephalus, auch *Physeter catodon* (nicht end. / alle Inseln)

Der Riese unter den Meeressäugern. Schon ein neugeborener Pottwal wiegt um die 1.000 kg!

Ihre Hauptnahrung sind Tiefseekalmare. Außerdem fressen sie Oktopusse, Schalentiere, Fische. Um sie zu erbeuten, begeben sich die Tiere auf Tauchgänge von 45-50 Minuten in bis auf 1.000 m Tiefe.

Pottwale bilden Gruppen von Weibchen und Jungtieren (u. a. ganzjährig bei den Kanarischen Inseln) oder jungen Männchen. Erwachsene Männchen leben allein oder mit nur wenigen anderen und unternehmen lange Wanderungen, zur Zeit der Fortpflanzung besuchen sie die Weibchen.

Familie: Pottwale
Größe: Männchen bis 18 m; Weibchen bis 11 m
Farbe: dunkelgrau oder -braun; Bauch und/oder Maul mit hellen Flecken.
Kopf: sehr groß (ca. 1/3 der Körperlänge), daher auch sein wissenschaftlicher Namensteil *macrocephalus* = großer Kopf.
Blasloch: nach links versetzt, daher die „Fontäne" (Blas) beim Ausatmen nach links, bis 5 m hoch

→ Pottwale litten viele Jahre unter der Walfangindustrie (Höhepunkt 1960er Jahre). Begehrt war ihre Fettschicht (Blubber), die zu Tran ver-

arbeitet wurde. Im Schädel des Pottwals ist eine ölig- wachsartige Masse (Spermazeti) enthalten. Aus ihr wurden Walrat und Walratöl hergestellt u. a. (Lampenöl, Schmiermittel). Reste im Verdauungstrakt (Ambra oder Amber) wurden in der Pharmaindustrie verwendet.
Der Bestand der Pottwale nimmt nur langsam zu. Das Walfangverbot enthält Ausnahmen und bietet Schlupflöcher. Noch dazu bringt ein Weibchen nur alle 4-6 Jahre ein Junges zur Welt. In der Natur leben Pottwale mindestens 60-70 Jahre.

Je nach Abkommen wird er als gefährdet (Rote Liste IUCN), streng geschützt oder vom Aussterben bedroht (CITES) eingestuft.

Vorkommen: in allen Ozeanen und Meeren der Welt.
Auf Bootstouren (nicht häufig zu beobachten): vor allem im Westen, Nordwesten und Norden von La Palma.

Fotos: OceanExplorer

Großer Bärenkrebs – „langosta canaria, langosta del país"

Scyllarides latus (nicht end. / alle Inseln)

Nur wenn er sich bewegt, erwischt ihn die Kamera des Tauchers.

Tagsüber versteckt sich der Bärenkrebs in Felsspalten usw., nachts verspeist er Weichtiere, Aas und die von den Palmeros ebenfalls sehr geschätzten Napfschnecken.

Da auch sein eigenes Fleisch schmackhaft ist, ging der Bestand sehr zurück und es ist verboten, ihn zu fangen.

Größe: max. 45 cm lang
Farbe: braun-braunrot, Antennen blauviolett, zweites Antennenpaar schildförmig breit mit blau-violetten Rändern

Vorkommen: 4-100 m Tiefe / steinige oder steinig-sandige Böden, Höhlen, Spalten.
Verbreitung: östlicher Atlantik mit Kanaren, Azoren, Madeira, Selvaghens, Kapverden. Mittelmeer.

Geschützt.
Fangverbot.

Der Bärenkrebs ist gut getarnt. Fotos: Herbert Schaar

Einhorngarnele – „camarón narval"

Plesionika narval (nicht end. / alle Inseln)

Ihr Kopf verlängert sich scheinbar in Form eines Einhorns. Das lange Maul hat viele Zähne. Die Augen stehen auffällig vor.
Tagsüber versteckt sich die Garnele vor Fressfeinden in dunklen Höhlen und Felsspalten. Nachts begibt sie sich auf Futtersuche (Plankton, Algen) und bietet Fischen ihren speziellen Beauty-Service „Parasitenbeseitigung" an.

Nachts in Puerto Naos. Foto: Herbert Schaar

Größe: bis 15 cm
Farbe: leicht durchsichtig bis rosa, rote und weiße Längsstreifen.
Beine rot und dünn.

Vorkommen: bis 500 m Tiefe / variabler Boden in Nähe von Felsen, die Verstecke bieten
Verbreitung: Atlantik (östlicher Atlantik Azoren bis Angola), Mittelmeer, Rotes Meer

→ Auf La Palma sind *camarones* ein beliebter Snack in den Strandbars

Bart-Feuerborstenwurm – „gusano de fuego"

Hermodice carunculata (nicht end. / alle Inseln)

Dieser Wurm ist tag- und nachtaktiv. Er ist ein Raubtier und frisst u. a. Anemonen, Schwämme und Aasreste.

Größe: max. 30 cm lang
Farbe: variabel. Bräunlich, grünlich, rötlich mit helleren Querstreifen
Vorkommen: 0-200 m Tiefe / auf felsigem Untergrund

Verbreitung: tropischer und Subtropischer Atlantik, Mittelmeer, Rotes Meer

→ Vorsicht: Nicht anfassen. Seine Borsten enthalten ein giftiges Sekret. Sie brechen leicht und wenn sie sich in die Haut bohren, ist das sehr schmerzhaft.

Gelbstriemenbrasse – „boga"

Boops boops (nicht end. / alle Inseln)

Die Gelbstriemenbrasse mag es gesellig und ist oft in Schwärmen anzutreffen. Sie ist ein Allesfresser und ernährt sich von Krebstieren, Seegras und Plankton. Die Jungtiere fressen mehr Fleisch, die ausgewachsenen Exemplare bevorzugen pflanzliche Nahrung.
Die Fische haben große Augen, ein kleines Maul und kleine Zähne.

Größe: bis 20 (max. 35) cm
Farbe: silbrig-graublau mit 3 bis 5 goldgelben Längsstreifen.

Vorkommen: meist nahe der Wasseroberfläche bis 300 m / häufig küstennah.
Verbreitung: Küsten östlicher Atlantik von Norwegen bis Südafrika, Mittelmeer, Schwarzes Meer

→ Speisefisch der kanarischen Küche

Während die Gelbstriemenbrasse schläft, jagt die Putzergarnele. Fotos: Herbert Schaar

Glasauge – „catalufa, ojo de cristal, alfonsiño"

Heteropriacanthus fulgens (nicht end. / alle Inseln)

Der Fisch schwimmt an einer Seeanemone vorbei.

Die sehr großen Augen verraten schon, dass dieser Fisch an die Dunkelheit gewöhnt ist. Er ist ein nächtlicher Jäger, der sich u. a. von Krustentieren, kleinen Fischen, Kraken ernährt. Man kann das Glasauge allein oder in Gruppen antreffen.

Größe: bis 40 cm
Farbe: leuchtend rot mit silbernen Flecken
Vorkommen: 5-100 m Tiefe / überwiegend steinige Böden, Höhlen

Verbreitung: Gemäßigter östlicher Atlantik, Madeira, Kapverden, Kanarische Inseln

→ Diese Fischart wird manchmal von Asseln befallen und erkrankt dadurch

Da er ein beliebter Speisefisch ist, geht seine Zahl durch Fischfang zurück.

Hier sind die Asseln gut zu erkennen.

Gepunkteter Igelfisch – „tamboril espinoso“

Chilomycterus reticulatus (nicht end. / alle Inseln, aber nicht gleich häufig)

Seine Kennzeichen sind der verhältnismäßig große Kopf, das breite Maul und die über den Körper verteilten Stacheln.
Der Igelfisch ist ein Verwandter des Kugelfischs und kann seinen Körper mit Wasser oder Luft aufblähen, wenn er sich bedroht fühlt. Dann zeigt er auch seine kräftigen Stacheln besonders eindrucksvoll. Normalerweise lebt er aber tagsüber zurückgezogen in Grotten, Höhlen und Nischen. Nachts begibt er sich auf die Suche nach Weich- und Krebstieren. Auch Seeigel gehören zu seiner Nahrung, deshalb hat er oft Wunden an Maul und Nase. Der Igelfisch auf dem Foto ist gerade im Beauty-Salon und lässt sich von einer Atlantischen Weißband-Putzergarnele verwöhnen. Über der Nase ragt noch ein Stachelrest eines Seeigels.

Fotos: Herbert Schaar

Größe: bis 80 cm
Farbe: Sein Körper ist grau bis braun und mit vielen schwarzen Punkten übersät. Steife, kräftige, spitze Stacheln

Vorkommen: 0-50 m Tiefe / verstecke wie Höhlen usw.
Verbreitung: östlicher und westlicher Atlantik, einschl. Kanaren, Azoren, Madeira und Kapverden

→ ✋ Vorsicht Stacheln, nicht berühren!

Streng geschützt. Wichtig fürs Ökosystem

Königsbarsch – „abade"

Mycteroperca fusca (nicht end. / alle Inseln)

Der Königsbarsch ist ein ruhiger Vertreter der Zackenbarsche, dringt jedoch ein Konkurrent in sein Revier ein, kann es zu heftigen Kämpfen kommen. Der Fisch ist ein Einzelgänger und ernährt sich von Fischen, Krebsen und Weichtieren.

Größe: bis 80 cm
Farbe: braun und silberfarben mit braunen Flecken

Vorkommen: 15-200 m Tiefe / felsige Böden mit Spalten und Höhlen
Verbreitung: östlicher Atlantik von Portugal bis Afrika

Rund um La Palma gibt es mehrere Arten von Zackenbarschen.

Europäischer Papageifisch – „vieja"
Sparisoma cretense (nicht end. / alle Inseln)

Im Meeresreservat. Um hier zu tauchen, braucht es eine Genehmigung. Fotos: Herbert Schaar

Seinen Namen hat der Papageifisch nicht auf Grund der hübschen Farbe der Weibchen, sondern eher wegen seinem Papageienschnabel-ähnlichem Gebiss. Er frisst Algen und wirbellose Kleinstlebewesen.
Man kann den Papageifisch in Gruppen oder einzeln beobachten. Er ist aktiv und neugierig.

Größe: bis 70 cm
Farbe: Männchen grau / Weibchen kräftig rot, grau und gelb. Die Schuppen sind groß und kräftig

Vorkommen: 0-50 m Tiefe / überwiegend bewachsene Felsgründe
Verbreitung: östlicher Atlantik von Portugal bis Senegal (einschl. Madeira, Kapverden, Kanarische Inseln). Selten östliches Mittelmeer und Adria

→ Ein sehr beliebter Speisefisch der kanarischen Küche

Portugiesische Galeere – „carabela portuguesa"
Physalia physalis (nicht end. / alle Inseln)

Angeschwemmt am Strand von Los Cancajos

Diese Seeblase ist kein Einzeltier, sondern der Verband verschiedener Wesen (Polypen) mit speziellen Aufgaben. Durch den Zusammenschluss verlieren die einzelnen Individuen ihre separate Lebensfähigkeit.

Die Portugiesische Galeere lässt sich dank der gasgefüllten Schwimmblase auf der Wasseroberfläche treiben, während sich ihre mit Nesselzellen besetzten Tentakel ausstrecken. Bei Wind kann sie ein „Segel" aufstellen. Zu ihrer Nahrung gehören u. a. Hochsee-Krebstiere und Fische.

Größe: Schwimmblase 30 cm, Tentakel bis 50 m lang
Farbe: Schwimmblase bläulich / Tentakel blau, rotviolett, weiß

Vorkommen: 0-1 m Tiefe / Hochsee; manchmal werden sie in großen Mengen in Küstengebiete getrieben.
Verbreitung: Pazifik, Kanaren, Portugal, Karibik

→ Vorsicht: Hautkontakt löst sehr starke Schmerzen aus! Die betroffenen Stellen nie mit Süßwasser abwaschen, evtl. in der Haut sitzende Reste nie mit der bloßen Hand entfernen. An den bewachten Stränden sind die Rettungsschwimmer auf solche Situationen vorbereitet und leisten erste Hilfe.

Allergisch reagierende Menschen müssen evtl. einen Arzt aufsuchen.

Sie sieht hübsch aus, aber nie berühren

Leuchtqualle, Feuerqualle – „aguaviva"
Pelagia noctiluca (nicht end. / alle Inseln)

Feuerqualle bei Charco Verde. Foto: Herbert Schaar

Normalerweise lebt sie im offenen Meer, aber Strömungen und Wellen treiben sie auch in Küstennähe. Dann kann diese Quallenart teils sehr zahlreich dort erscheinen.

Warum sie Leuchtqualle heißt, ist bei nächtlichen Tauchgängen zu beobachten. Das Nesseltier erzeugt ein kurzes Leuchten, das nach und nach schwächer wird (Biolumineszenz). Manchmal ist dieses Leuchten auch vom Meeresufer aus zu sehen.

Die Meduse hat einen glockenförmigen oder halbkugeligen Schirm. Sie ernährt sich u. a. von Plankton und kleinen Fischen.

Größe: max. 12 cm lang, dünne Fangfäden bis 4 m lang
Farbe: pink bis violett. Schirmoberfläche mit pink oder malvenfarbigen Warzen voller Nesselzellen

Vorkommen: 0-150 m Tiefe / Hochsee, manchmal Küstengebiet
Verbreitung: weltweit, häufigste Qualle des Mittelmeers und der Kanarischen Inseln

→ Vorsicht: Die Berührung aller Körperteile ist sehr schmerzhaft, sie brennt wie Feuer! Die Qualle schießt kleine „Harpunen" mit Widerhaken ab. Die betroffenen Stellen nie mit Süßwasser abwaschen, evtl. in der Haut sitzende Reste nie mit der bloßen Hand entfernen. An den bewachten Stränden sind die Rettungsschwimmer auf solche Situationen vorbereitet und leisten erste Hilfe.

Atlantischer Riffhummer – „cigala, cigala canaria"
Enoplometopus antillensis (nicht end. / alle Inseln)

Der kanarische Lobster ist nachtaktiv und sehr scheu. Er frisst kleine Krebse, Seeigel und andere Wirbellose. Er gibt nicht viele Informationen über diese Hummerart.

Größe: bis 10 (30?) cm lang
Farbe: orange bis karminrot mit weißen, lebhaften verschiedenförmigen Mustern, Punkten. Rücken und Scherenarme mit weißen Stacheln. Rote Antennen

Vorkommen: 5-200? m Tiefe / felsiger Meeresboden, versteckt sich in Felsritzen. Verbreitung: tropischer und Subtropischer Atlantik

Geschützt

Die Spannweite des Schmetterlingsrochens kann bis zu 220 cm betragen.

Rochen – „manta, chucho“
diverse (nicht end. / alle Inseln)

In palmerischen Gewässern sind manche Arten häufig, andere selten zu sehen. Die beste Zeit zur Beobachtung ist der Sommer. Es gibt u. a. Teufels-, Stech-, Schmetterlings- und Zitterrochen.
Die Tiere können sich perfekt tarnen und graben sich oft im sandigen Boden ein. Die Nahrung der meisten Arten besteht aus Muscheln, Seeigeln, Krebsen u.a. Manche fressen auch Kleinfische und Plankton.

Je nach Art variieren die folgenden Daten: Größe: 70-300 cm
Farbe: u.a. grau, braun, olivgrün

Vorkommen: 0-380 m Tiefe / küstennah und -fern, sandige und schlammige Böden. Verbreitung: weltweit in allen Meeren

→ ✋ Manche Rochenarten haben zur Verteidigung einen Giftstachel an ihrem Schwanz, der Zitterrochen kann einen starken elektrischen Schlag ausstoßen.

Teufels- und Schmetterlingsrochen sind geschützt.

Begegnung. Fotos: Herbert Schaar

Goldflecken Schlangenaal – „Carmelita, anguila leopardo"

Myrichthys pardalis (nicht end. / alle Inseln)

Das ruhige Tier schlängelt sich gerne ruhig durch die Vegetation verschiedener Meeresböden. Doch es handelt sich nicht um eine Schlange, sondern um einen Fisch. Auffällig sind die zwei röhrenförmigen, aus dem Maul hervorstehenden Nasenlöcher.
Der Schlangenaal ernährt sich u. a. von Krebstieren, Wirbellosen und kleinen Fischen. Er ist selten zu beobachten und harmlos.

Größe: bis 70 cm
Farbe: cremeweiß-gelblich mit rundlichen braunen-schwärzlichen Flecken mit gold-orangenem Fleck im Zentrum

Vorkommen: 0-25 m Tiefe / Lavariffe, Höhlen, Böden, bevorzugt mit Algenbewuchs
Verbreitung: Östlicher Atlantik, von der Westsahara bis Äquatorialguinea, einschl. Kanaren, Kapverden

Der Schlangenaal hat weit herausragende Nasenlöcher. Foto: Herbert Schaar

Kurzschnauziges Seepferdchen – „caballito de mar“

Hippocampus hippocampus (nicht end. / alle Inseln)

Los Cancajos. Foto: Dive Community La Palma

Bei den Seepferdchen gebiert der Vater den Nachwuchs.

Das Weibchen legt die Eier in den Brutbeutel des Männchens. Der befindet sich unter dessen vorderem Schwanzteil.

Nach 3-5 Wochen ist die Tragzeit zu Ende. Die vielen winzigen Kurzschnauzigen Seepferdchen-Nachkommen (1 cm) müssen dann sofort selbst für sich sorgen.

Seepferdchen bewegen sich aufrecht durchs Wasser und haken sich häufig mit dem Schwanz an Pflanzen fest. Auch beim Paarungsvorspiel halten sich die Partner an den Schwänzen. Die Tiere tarnen sich zwischen Tang usw., denn so können sie fressen, ohne selbst zur Beute zu werden. Zu ihrer Nahrung gehören u. a. Krebstierchen und Plankton.

Größe: bis 15 cm
Farbe: sehr unterschiedlich, braun, orange, schwarz, gelb, manchmal gefleckt

Vorkommen: 0-800 m Tiefe / variabler Boden in Nähe von Felsen, die Verstecke bieten
Verbreitung: östlicher Atlantik (niederländisches Wattenmeer bis zum Golf von Guinea (einschl. Kanaren). Mittelmeer

→ Seepferdchen gehören zu den Fischen

Gefährdet lt. IUCN. Geschützt. Fangverbot.

Tigermuräne – „morena picopato“

Enchelycore anatina (nicht end. / alle Inseln)

Diese Muräne zeigt ihre spitzen Zähne. Foto: Dive Community La Palma

Diese Muräne ist an ihren gebogenen Kiefern zu erkennen. Sie kann das Maul nicht ganz schließen und zeigt immer ihre glasigen, langen Zähne. Der Fisch ist nachtaktiv und ernährt sich von Krebstieren und kleinen Fischen.

→ Es gibt mehrere Muränen-Arten rund um La Palma. Sie unterscheiden sich hauptsächlich durch Größe und Farbe bzw. Musterung.

Größe: bis 110 cm
Farbe: Grundfarbe dunkelbraun mit goldgelben Flecken, Kopf deutlich gelber

Vorkommen: 0-50 m Tiefe / Lavariffe, Höhlen, Spalten
Verbreitung: Östlicher Atlantik z. B. Azoren, Madeira, Kanaren, Kapverden Mittelmeerraum. Westlicher Atlantik Bermudas bis Brasilien

Fühlt sie sich bedroht, kann sie kräftig zubeißen

... und sie frisst ihn nicht. Foto: Herbert Schaar

Gewöhnlicher Tintenfisch, Sepia – „choco"

Sepia officinalis (nicht end. / alle Inseln)

Das einzig harte Teil an einem Tintenfisch ist sein Maul, Hornschnabel genannt. Da seine Fangarme gleich am Kopf beginnen, gehört er zu den Kopffüßlern. An seinen 8 kurzen Fangarmen sitzen je 2 Reihen Saugnäpfe. 2 längere Tentakel sind gut versteckt und mit vielen weiteren Saugnäpfen versehen. Die Tiere können blitzschnell Farbe und Form verändern. Die Weibchen sterben nach der Eiablage, Männchen können 2 Jahre alt werden. Fühlt sich der Tintenfisch verfolgt, kann er „Tinte" ausstoßen und seinen Verfolgern ungesehen in einer dunklen Wolke entwischen.
Die Tiere sind überwiegend nachtaktiv und leben von Weichtieren, kleinen Krustentieren und Fischen.

Größe: bis 50 cm
Farbe: Sehr variabel, da er sich durch Farbänderung der Umgebung anpasst.

Vorkommen: 0-200 m Tiefe / steinige und sandige Böden, Seegraswiesen
Verbreitung: Östlicher Atlantik von der Südküste Norwegens bis zum Kap der Guten Hoffnung. Mittelmeer

→ Der Gewöhnliche Tintenfisch ist als „choco" auf vielen Speisekarten der Inselrestaurants zu finden

Beim Fressen eines Skorpionfisches. *Fotos: Herbert Schaar*

Ostatlantischer Trompetenfisch – „pez trompetero"

Aulostomus strigosus (nicht end. / alle Inseln)

Trompetenfisch aus der Ferne. Foto: DiveCommunity La Palma-Los Cancajos

Er ist an seinem stabförmigen Körper mit der röhrenförmigen Schnauze erkennbar. Der Trompetenfisch ist ein tagaktiver Räuber. Er frisst kleine Fische und Garnelen, auf die er manchmal zwischen Pflanzen versteckt sogar in der Vertikalen lauert.

Größe: bis 75 cm. Farbe: sehr variabel, können ihre Farbe wechseln

Vorkommen: 50-150 m Tiefe (selten tiefer als 500 m) / küstennah, felsige Meeresböden, Felsriffe. Verbreitung: östlicher tropischer und subtropischer Atlantik von Madeira bis Namibia

... und aus der Nähe. Man beachte sein Leuchten. Foto: Herbert Schaar

Weißgefleckter Oktopus – „Fabiana"

Callistoctopus macropus (nicht end. / alle Inseln)

Dieser Krake ist nachtaktiv, tagsüber bleibt er in seinem Versteck. Wie alle zu den Tintenfischen gehörenden Spezies kann er seine Farbe ändern. Er knipst einfach seine weißen Flecken aus.
Der Weißpunktkrake ernährt sich von Krabben, Schnecken, Muscheln u. Ä.
Krakenweibchen sind sehr aufopfernde Mütter und umhegen das Eigelege. Bald nach dem Schlupf der jungen Kraken stirbt die Mutter meist an Erschöpfung oder wird Opfer eines Fressfeindes.
Kraken allgemein sind intelligente, schnell lernfähige Tiere.

Nachts in Puerto Naos. Foto: Herbert Schaar

Größe: 50-100 cm. Farbe: blassrot mit runden großen weißen Flecken

Vorkommen: 0-100 m Tiefe. Natürliche Becken, Sand, Schotter, Gezeitentümpel, am liebsten bewachsen.
Verbreitung: tropische und subtropische Meere, Mittelmeer.

→ Kulinarisch nicht genießbar.

Wunderanemone – „Alicia"

Alicia mirabilis (nicht end. / alle Inseln)

.Bei Nacht zeigt sie sich in voller Schönheit.

Zwischen ihrem Aussehen bei Tag und bei Nacht scheint wirklich ein kleines Wunder zu geschehen. Tagsüber erinnert das Blumentier an einen bunten Brokkoli und nachts ist es ein Traummotiv für Unterwasserfotografen. Dann wiegen sich ihre bis zu 96 Tentakel hin und her, um Zooplankton zu erbeuten. Sie kann ihre Fußscheibe relativ leicht lösen, um an einen anderen Standort zu kriechen.

Größe: ausgestreckt 50 cm lang

Vorkommen: 0-50 m Tiefe, auf Steinen, Sandböden, Tauen etc. Verbreitung: große Teile des tropischen Atlantiks, westl. Mittelmeer.

→ Vorsicht: Nicht anfassen. Sie ist eine der am stärksten nesselnden Anemonen.

Wunderanemone am Tag. Fotos: Herbert Schaar

Sonstige Meereslebewesen

Es gibt noch so viele andere wunderbare Wesen im Meer. Große, kleine, bunte, fast unsichtbare … Seeanemone, Seestern, Napfschnecken, schwarze Korallen, Gelbe Schwämme, Seeigel und die Tritonschnecke.

Sie wird *bucio* genannt und war Kommunikationsmittel der Benahoaritas, der Ureinwohner. Die übermittelten Töne hatten einen Code und teilten Piratenüberfälle, Erntebeginn, eine Beerdigung, Feuer usw. mit. Leider ging das Blasen des Meereshorns immer mehr verloren. Heute erklingt es noch zu besonderen Anlässen und ist Teil der Folklore.

Beim Tauchgang. Canyon La Bajita. Foto: Dive Community La Palma-Los Cancajos

Steinseeigel. Foto: Juan M. Castro

Napfschnecken. Auf der Speisekarte heißen sie lapas. Foto: H. Rodriguez González

Seestern. Foto: Dive Community La Palma-Los Cancajos

Qualle. Foto: Herbert Schaar

Anemone. *Foto: Dive Community La Palma-Los Cancajos*

Gelber Schwamm. *Foto: Juan M. Castro*

Veilchenschnecke, *Janthina janthina*

Foto: Herbert Schaar

A bis Z
deutsch

A bis Z
spanisch

A bis Z
wissenschaftlich

Glossar

Achäne:	einsamige Schließfrucht (Bedecktsamer), eine Sonderform der Nuss
adstringierend:	zusammenziehend
Balgfrucht:	Sie entwickelt sich aus nur 1 Fruchtblatt. Ihre Samen verteilen sich, wenn die Frucht an der einzigen vorhandenen Verwachsungsnaht aufspringt
Barranco:	Schlucht
Corpus Christi:	Fronleichnam
degradiert:	hier im negativen Sinne verursachte Bodenveränderung des Bodens durch z. B. Rodung des ursprünglichen Waldes oder nicht stattfindende Wiederaufforstung. Dadurch wird der Wald zum Acker-, Busch- oder Grasland
einhäusig:	männliche und weibliche Blüten auf der gleichen Pflanze = eingeschlechtlich (nicht zwittrige Blüten, sondern 2 Blütenformen)
endemisch:	natürliches Vorkommen von Pflanzen und Tieren in einem bestimmten, räumlich abgegrenzten Gebiet (Abkürzung: end.)
Fiederblatt:	Blatt mit mehreren voneinander getrennten Fiederblättchen
Fruchtblätter:	weibliche Teile der Blüte
Gliederfüßer:	wirbelloses Tier, bei dem der Körper in zahlreiche Segmente gegliedert und von einem Chitinpanzer umgeben ist
Gofio:	kanarisches Grundnahrungsmittel meist aus geröstetem, mit etwas Meersalz gewürztem Getreide, das anschließend gemahlen wird. Kann auch aus verschiedenen Getreidesorten mit oder ohne dicken Bohnen, oder nur aus Mais bestehen. Ureinwohner benutzten auch verschiedene Wurzeln/Rhizome
H, LP, G, T	El Hierro (H), La Palma (LP), La Gomera (G), Teneriffa,
GC, F, L	Gran Canaria (GC), Fuerteventura (F), Lanzarote (L)
Hybriden:	Kreuzung zwischen verschiedenen Arten oder Unterarten
invasiv:	eingeführte oder eingeschleppte Pflanzen und Tiere, die die Biodiversität der einheimischen Arten bedrohen. Auf La Palma z. B. das Katzenschwanzgras

Kapselfrucht:	Samenhülse (in Form einer Kapsel), die sich aus einem Fruchtknoten mit mehreren miteinander verwachsenen Fruchtblättern entwickelt und die bei Reife aufspringt, wobei die Frucht bzw. die Samen freigesetzt werden (https://www.dwds.de/wb/Kapselfrucht)
Kelchblätter:	Sie hüllen die geschlossene Blüte zum Schutz ein
Malpaís(es):	„schlechtes Land“ (mit „es“ = Mehrzahl). Die raue, aufgerissene Lavalandschaft (z. B. bei Mazo oder El Paso), in der noch die alten Vulkankegel und Lavaflüsse zu erkennen sind
Monteverde:	= „grüner Berg“. So werden die Gagelstrauch-Baumheidezone und der Lorbeerwald bezeichnet. Beide sind immergrün.
Papillen:	kleine, warzenartige Auswüchse der Zellwände auf der Blattoberfläche (z. B. Kristall-Mittagsblume)
Pappus:	Haarkelch, mit dessen Hilfe sich Samen im Flug verteilen
Rhizom:	unter- oder oberirdischer Spross. Von ihm wachsen die eigentlichen Wurzeln nach unten, die Blatttriebe nach oben (z. B: Zuckerrohr)
Rote Liste:	Liste weltweit gefährdeter Tier- und Pfanzenarten, erstellt von der IUCN (Internationale Union zur Bewahrung der Natur) Andere Schutzkataloge Spanien/Kanaren *Catálogo Nacional de Especies Amenazadas* und *Catálogo de Especies Amenazadas de Canarias*
Scheinblüten:	viele dicht zusammenstehende kleine Blüten, die mit ihrem Gesamteindruck als „große Blüte“ die Bestäuber anziehen
Sori:	Sporenbehälter (Farne, Algen, Pilze, Pflanzen)
ssp.:	Unterart
spp.:	mehrere Arten
Staubblätter:	männlich Teile der Blüte
Sukkulente:	Pflanzen, die im Stamm, Wurzeln oder dickfleischigen Blättern Wasser speichern
Zweihäusig:	männliche und weibliche Blüten auf getrennten Pflanzen = getrenntgeschlechtlich
Zwittrig:	zweigeschlechtlich. Sie haben sowohl die männlichen als auch die weiblichen Blütenorgane: Frucht- und Staubblätter

Literatur

Sergio Hanquet. Bucear en Canarias 2

F. Espino, A. Boyra, C. Fernández-Gil, F. Tuya. Guía de Biodiversidad Marina de Canarias

Francisco Pérez Padrón. Las Aves de Canarias, 4ª edición. Turquesa Ediciones.

Rivas-Martínez, S.; W. Wildpret de la Torre; T. E. Díaz González; P. L. Pérez de Paz; M. Arco Aguilar, y O. Rodríguez Delgado. 1993. «Excursion guide. Outline vegetation of Tenerife Island (Canary Islands, Spain)». *Itinera Geobotanica* 7.

Jaén Otero, J. 1984. *Nuestras hierbas medicinales.* Santa Cruz de Tenerife: Caja Insular de Ahorros.

Pedro de Paz, P. L., y C. E. Hernández Padrón. 1999. *Plantas medicinales o útiles en la flora canaria.* La Laguna: Francisco Lamus Editor.

Bramwell, D., y Z. Bramwell. 1990. *Flores silvestres de las Islas Canarias.* Madrid: Rueda.

Cabrera Pérez, M. A. 2002. *Flora autóctona de las Islas Canarias.* León: Everest.

Schönfelder, Plantas de Canarias. Flora autóctona. Editorial Verena Zech.

Thomas Müller, Herbert Sauerbier, Francisco Cabrera Calixto. 2016. *Die Farn- und Blütenpflanzen der Kanarischen Inseln.* Markgraf Publishers.

Rolf Goetz. 2017. *Flora der Kanarischen Inseln.* Rother Naturführer.

Olzem/Reisinger. Geologischer Wanderführer La Palma. 2. Erweiterte und aktualisierte Auflage. RT Geologie Verlag.

Datenbanken

http://www.ottoewieghardt.de/fischbuch.pdf

https://de.whales.org/wale-delfine/artenfuehrer

https://www.tauchen-auf-den-kanaren.de/goldflecken-schlangenaal-myrichthys-pardalis/

https://de.whales.org/wale-delfine/artenfuehrer/gewoehnlicher-grosser-tuemmler/

https://www.museosdetenerife.org/ (für Orchilla)

http://www.acbcanaria.org (Zahlen der Gliederfüßer + Micromeria-herpyllomorpha)

https://www.eldiario.es/canariasahora/sociedad/naturaleza-biologia-zoologia-aranas-pedro-oromi_1_4856510.html (Oromí, catedrático de Zoología de la Facultad de Biología de la Universidad de La Laguna, Pedro Oromí. Artikel vom 26.05.2014)

https://www.mncn.csic.es/es/sociedad-de-amigos-del-museo/enciclopedia-virtual-de-los-vertebrados-espanoles

https://www.yumpu.com/es/document/read/15608885/distribucion-de-la-familia-meloidae-palmensis (Revista de Estudios Generales de la Isla de La Palma Num. 3 (2007) R. García Distribucion de la familia Meloidae (Coleoptera) en la Isla de La Palma)

https://elmedinaturaldelbages.cat/es/species/arana-cyrtophora-citricola-es/ (Opuntienspinne)

https://endemicascanarias.com/index.php/es/ecosistemas/monteverde

http://www.biodiversidadcanarias.es/

http://www.miteco.gob.es/ = Ministerio de Transición Ecológica (Fledermäuse)

https://www.biodiversidadcanarias.es/centinela/ Schutzstatus:

CENTINELA ist eine Datenbank der geschützten Arten des Archipels in Übereinstimmung mit den sektoralen Vorschriften, die technische und verwaltungsbezogene Informationen zusammenfasst, die unter dem Gesichtspunkt der Erhaltung von Bedeutung sind.

https://www3.gobiernodecanarias.org

https://www.el-foco.de/de/oekosystem/flora-und-fauna/25-die-kristall-mittagsblume.html

http://www.floradecanarias.com/

http://www.mundoguanche.com/portada/articulo.php?id_articulo=141

http://www.rinconesdelatlantico.com/num4/l_palmera.html (Verwendung Palme)

http://www.academiacanarialengua.org/palabra/incienso/ https://es.wikipedia.org/wiki/Tabaibal-Cardonal http://www.atlasruraldegrancanaria.com/fichas_int.php?n=323 https://www.bienmesabe.org/noticia/2009/Julio/incienso-canario

https://creatuseto.fundacionfire.org/especie/cistus-monspeliensis/

https://www.botanik-bochum.de/jahrbuch/Pflanzenportraet_Orchis_mascula.pdf

https://www.gevic.net/info/contenidos/mostrar_contenidos.php?idcat=69&idcap=253&idcon=1458

https://www.arbolappcanarias.es/especies/ficha/visnea-mocanera/

https://www.arbolesornamentales.es/Coccolobauvifera.htm

https://www.dr.hauschka.com/es_ES/sabiduria-terapeutica/plantas-medicinales/planta-de-la-escarcha/

https://www.miteco.gob.es/es/biodiversidad/temas/inventarios-nacionales/inventario-especies-terrestres/ieet_flora_vascular.html

www.planet-wissen.de

https://www.vertebradosibericos.org/anfibios/pelper.html

Weiteres Buch von Ines Dietrich

Feiertage und Gründe zum Feiern

Rosenmontag (selten auch im März) / *Día de los Indianos* (Ab Mittag geht fast nichts mehr), Karnevalsdienstag. Mandelblütenfest in Puntagorda

Sonnenaufgang ca. 7.30 Uhr, Sonnenuntergang ca. 19.15 Uhr

Die fünfte Jahreszeit

Auf La Palma wird der Karneval ausgelassen und ausgiebig gefeiert. Konzerte verschiedener Musikrichtungen, Auftritte von Tanz- und Gesangsgruppen (*comparsas* und *murgas*), die Wahl der Kinder-, Senioren- und Karnevalskönigin, aufwendige und fantasievolle Kostüme, Fröhlichkeit und durchtanzte Nächte sind seine Grundbestandteile.
Der Haupttag ist ohne Zweifel der Tag der Indianer, *el día de los Indianos*. Er verwandelt am Rosenmontag Santa Cruz in eine weiße Stadt am blauen Meer. In Erinnerung an die nach Kuba emigrierten Palmeros, die fein bekleidet und teils

Día de los Indianos, Foto: Saúl Santos Díaz

von schwarzen Dienstmädchen begleitet, wieder in ihrem Heimathafen anlandeten, strömen zigtausende in elegantes Weiß gekleidete „Neureiche" in die Hauptstadt. Spitzenblusen, bestickte Röcke, Maßanzüge, breite Hüte, Zigarren, Koffer voller Geld und Unmengen von Talkumpulver, das sogar von der Stadtverwaltung großzügig verteilt wird, bestimmen das Bild.
Die *indianos* pudern gut gelaunt mehr oder weniger gezielt jeden ein, der ihren Weg kreuzt. Und bis zum nächsten Morgen vergnügen sich Jung und Alt – Fremde, Freunde und echte Heimkehrer bei kubanischer Musik und Tanz.
Am Dienstag ist Feiertag und das öffentliche Leben dementsprechend lahmgelegt oder mit Reinigungsarbeiten beschäftigt. Dann, am Aschermittwoch, ist noch lange nicht alles vorbei. Der Karneval findet seinen Abschluss erst mit der Beerdigung der Sardine, *el entierro de la sardina*.

Beerdigung der Sardine in Barlovento

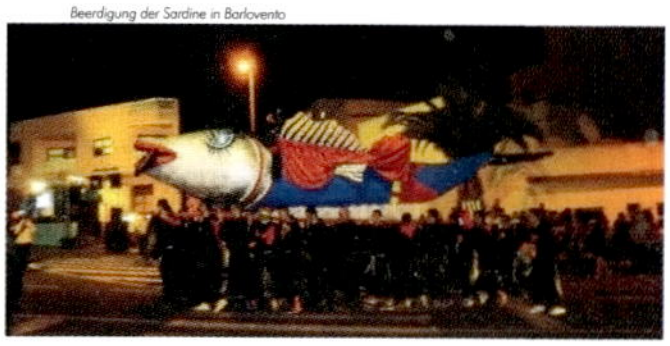

die in ihrem Topf eingekeilt zwischen Protea und Inkalilien steht, haben sich 7 lange Rispen durchgekämpft, wobei ich an einer 24 Blüten gezählt habe.
Die Blütenstängel der Roten Spornblume versuche ich rechtzeitig vor dem Aussamen abzuschneiden, sonst kann sie zur Plage werden. Ich habe sie speziell für die verschiedenen Schmetterlingsarten angepflanzt, da sie fast das ganze Jahr blüht. Jetzt im Winter, zeitigem Frühjahr sind es vor allem Weißlinge, der Kanarische Braun-Dickkopffalter und das Kanarische Waldbrettspiel, die hier Nahrung suchen.

Peruanischer Pfefferbaum, Falscher Pfeffer / falso pimentero

Der falsche Pfeffer (den man auch zum Würzen verwendet) ist reif und eine unserer Bananen blüht und bald werden sich zwischen den rot-violetten Deckblättern (Braktee) des überhängenden Blütenstandes die Fruchtansätze zeigen, dabei hat jede einzelne Banane ihre eigene kleine gelbliche Blüte. Im Lauf des Wachstumsprozesses werden diese von Hand abgeknipst. Der dabei austretende Saft hinterlässt unauslöschbare Spuren auf der Kleidung.

Ananas / piña beginnt zu blühen

… und trägt kleine Früchte

Langsam nimmt die Staude Gestalt an. Jede Gruppe von Früchten, die sich im Schutz einer Braktee bildet, wird als „Hand" bezeichnet und kann zwischen 3 und 20 Bananen umfassen.
Wenn die Früchte anfangen, sich gelb zu färben,

Jede Banane hat ihre eigene Blüte

wird die *piña de platano*, die im Schnitt ein Gewicht zwischen 30–40 kg erreichen kann, abgeschnitten. Wir hängen sie dann in die *bodega*, die neben der Weinlagerung auch dem Einkellern von Kartoffeln, Obst und Gemüse dient.
Die abgeerntete Bananenpflanze, *madre* (Mutter), stirbt ab und wird deshalb mit der Machete umgehauen. An ihrer Seite haben wir bereits den nächsten Sprössling, *hija* (Tochter), wachsen lassen, dem wir nun unsere Geduld und Pflege widmen.

Bananenmuseum – Museo del Plátano in Tazacorte
Geöffnet: Mo.–Fr. 16.00–18.00 h, Sa 10.00–13.00 h.
Adresse: Camino de San Antonio, Tazacorte

Bananenpflanze / plátano

Geheimnisse der Insel La Palma. Ein Reiseführer durch 12 Monate.
12 Kapitel, jeder Monat hat ein eigenes und wird in seinen Besonderheiten und Alltäglichkeiten in Text und Bild präsentiert. Reisende erhalten einen übersichtlichen Einblick, mit Tipps für Spaziergänge und Ausflüge in Städte, Museen und an Strände. Was blüht, was ist reif (in diesem Buch werden auch exotische und Gartenpflanzen vorgestellt), welche Tiere könnten Ihnen begegnen, welche Feiertage und Feste gibt es im jeweiligen Monat. Und Rezepte von jahreszeitlich und für einzelne Regionen typischen Gerichten sowie Geschichten aus der Vergangenheit. Auch Menschen, die auf der Insel leben, können Neues erfahren, zum Beispiel in den Gartentipps. Die Spaziergänge und Wanderungen führen oft in unbekanntere Regionen, zu versteckten Schönheiten der Insellandschaft. Viele davon sind angenehm unanstrengend, Sie können die Gehzeit nach Belieben variieren und mit Muße genießen. Die Grundlage bilden Aufzeichnungen mehrerer Jahre auf La Palma, in denen Naturbeobachtungen, Wanderungen und Gespräche notiert wurden. Nicht jedes Jahr ist gleich, nicht alles vorhersehbar; so zeigt das Buch einen lebendigen Querschnitt. Es gibt eine deutschsprachige und eine spanischsprachige Ausgabe. Ergänzt mit einer Beilage zum Vulkanausbruch.

400 Seiten, viele Bilder, ISBN 978-3-88769-796-9, spanischsprachig: ISBN 978-3-88769-453-1

Frühling, Sommer, Herbst und Winter

Impressum

PF 1621, D – 72006 Tübingen / Tel.: 0049 (0) 172 7233958
konkursbuch.de / gehrke@konkursbuch.com
Alle Fotos, soweit nicht anders angegeben: Ines Dietrich. Gestaltung: Verlag

Hinweis zur Verwendung in der Volksmedizin: Die meisten Pflanzenarten sind geschützt und einige vom Aussterben bedroht, das Sammeln streng verboten. Die Beschreibung der medizinischen Verwendung ist nur eine Information über die traditionelle Verwendung und keine ärztliche Verschreibung. Für die Verwendung zu therapeutischen, kosmetischen oder Lebensmittelzwecken kann keine Haftung übernommen werden.
Die wissenschaftlichen Namen habe ich nach bestem Wissen und Gewissen hinzugefügt. Mir ist bewusst, dass Namen und Zuordnungen sich ändern, manche Namen strittig sind, es noch weitere Unterarten oder Hybriden geben kann und auch, dass noch nicht alle Pflanzen und Tiere auf der Isla Bonita entdeckt/benannt wurden.
Falls sich ein Fehler eingeschlichen hat, lerne ich gerne dazu.

ISBN: 978-3-88769-006-9

konkursbuch.de/kanaren/

ines-dietrich.com